SFを実現する
3Dプリンタの想像力

田中浩也

講談社現代新書
2265

まえがき——モノとインターネット

３Ｄプリンタに代表されるデジタル工作機械が、グローバル・インターネットとつながったとき、一体どのような世界が実現するのでしょうか。

私がそれを考えるきっかけとなった出来事は、２０１１年、東日本大震災から数ヵ月が過ぎた頃のことでした。スイスのルツェルンというまちから、鎌倉に住む私のもとに一通のメールが送られてきたのです。

「３Ｄプリンタ、そしてレーザーカッターの設置は終わったかい？　電子工作道具はもう使える状況にある？　ファブラボはオープンしたの？　もし用意が済んでいるなら、ひとつ贈り物があるんだ。こちらで、汚染水の水質検査に使えるＤＩＹ顕微鏡キットをつくってみた。今からこれのデータを送るからそっちで物質化して、試してみてほしい。」

そのメールには、電子ファイルが添付されていました。

私はすぐに、そのファイルをラボにあった「レーザーカッター」という機械に「印刷」

コマンドで送り込みます。あらかじめセットしてあった厚さ数ミリほどの透明なアクリル板が、みるみるうちに複雑なかたちに切り抜かれていき、ものの数分で、すべての「部品」ができあがりました。組み立て前のプラモデルのような状態を思ってもらえればよいでしょう。レーザー切断された部品どうしを手で嵌《は》めこんで、別途用意しておいたウェブカメラとＬＥＤを取り付ければ、ちゃんと使える顕微鏡が完成したのでした。

もちろん、文章でさらっと書くほど、この作業が順調に進んだわけではありません。何度もスイスとSkypeで会話をしながら、ひとつひとつ壁を乗り越える必要がありました。

しかしそれでも、このときが**「モノ」を「電子データで受け取る」**という初の実験となったのです。従来のような**「モノ」を箱に梱包して輸送する**のとはまったく異なる方法で、（ほぼ）同じものを、スイスからちゃんと受け取ることができたのでした。**データの流通が、モノの物流にとってかわった**瞬間です。インターネットと、レーザーカッター（デジタル工作機械の一種です）と、遥か遠くの国にいた友人との連携のおかげで。

それから3年が過ぎましたが、３Ｄプリンタやレーザーカッターを持つ個人や工房が世界中に増えていくにつれ、こうした**モノの送受信**は私の日常になっています。そしてもうまもなく、「３ＤのＦＡＸ」も登場することが話題になりはじめました。

「3DのFAX」とは、たとえば子供が学校でつくってきた粘土の像を、手元で3Dスキャンして、それを実家のお祖母さんにデータで送れば、お祖母さんの手元で3Dプリントして、同じカタチをちゃぶ台の上でも出力することができる——そうした方法で**モノを別の場所に送り届けられるような**技術です（もちろん、こちら側とあちら側に、それぞれ3D-FAX機がなければいけませんが）。

私はこうした**「ネットワークものづくり」**の研究を、15年以上実践を通して進めてきました。普段は完全に研究に没頭していますが、ときどきふと冷静になって考えてみれば、いまこそが、かつてSF（サイエンス・フィクション）として描かれていた未来技術が実際に使えるものになりはじめている初源の状態ではないかと思えて、ワクワクする気持ちを止めることができなくなります。

「モノの送受信」とはすなわち、かつては空想だった**「遠隔転送《テレポーテーション》（空間伝送）」**技術に他ならないのですから。

画面の上の**「文字情報（デジタルデータ）」のみをやりとりする現在の情報社会**を超えた、**「物質データ」をもやりとりするネットワーク社会の次のフェーズ**が、いま目前に迫っているのです。

私はＳＦが好きでしたが、現代はまた、空想上のアイデアが、いろいろな技術を持った人々がコミュニティとして協働することによって、どんどん具現化されていることも特徴的です。それを後押ししているのがグローバルなインターネット環境です。

インターネットによって生まれた人と人とのつながりを、ものをつくる行為へと結集すること。それを通じて、空想と現実の距離や関係を変え、両者をつなげていくこと。

こうした社会の新しい動きに気がつき、これこそをライフワークにしようと決めたとき、この運動を**「ソーシャル・ファブリケーション（ＦＡＢ）」**と名付けようと思いました。「ソーシャル・ファブ」も頭文字を取れば**「ＳＦ」**になります。

「ファブリケーション」の意味については本文で詳しく述べていきますが、私がこの言葉に託したいまず一番の大きな思いは、**「空想を実現する」**ということ自体が持っている強い力です。空想と現実は対立でも平行でもなく、どこかでは絶妙に接しているものです。そして、**21世紀の「ＳＦ」は、フィクションを描くだけではなく、それを社会的に実現していく過程**（＝ファブリケーション）**までを含んでいるのです。**

本書では、３Ｄプリンタやレーザーカッターをはじめとする、「21世紀のＳＦ」を支援する新しい技術と社会の動きを、過去・現在・未来を行き来しながら文脈上に位置づけていきます。そして、**情報と物質とが相互に混ざりあいながら展開する新しいネットワーク社会**のイメージを析出することができたら、と考えています。

急速に進展している分野なので、紹介する技術自体はすぐに古びてしまうかもしれません。しかしいま私がここに書き残しておきたいのは、21世紀初頭を生きる私たちが持ちうる新しい**ビジョン**、そしてそれを実現していくために必要な**アティチュード**なのです。

目次

せる／素材から出発する／素材の新しい性質を引き出す／ファブリケーションは人の手わざを駆逐しない／大量生産の歴史／「ロット数」の壁を超える／大量生産の根源的問題／モノから発想が生まれる／破棄から再創造へ／3Dプリンタのある生活／接着剤のような役割／ファブリケーションは何を回復するか／地域にひとつのシェア工房／コミュニティラボ／遊びの創造性／ものづくりの喜びを回復する

第6章　デジタルとFAB　そして「フィジタル」へ――――

デジタルであることの意味／アヒルの義足をつくる／これはもしやスモールライト？／道具と人間の関係をときほぐす／デジタルとフィジカルのズレ／オープンデザインに向けて／コピーによる「進化」／マクルーハンの警句／物質と情報が等価になる――フィジタルの世界／究極のディスプレイ／ピラミッドやレゴが示すデジタルなものづくり／3歳の女の子の発明／最終段階FabLab4.0／ファブリケーションの究極形

第7章　日本とFAB　過去と未来をつなぐ

第1章　SFとFAB

——空想から現実へ

3Dプリンタとの出会い

21世紀も約15年が過ぎた現在ですが、前の世紀に空想として描かれた未来技術が次々に実現するフェーズに来ている、と言われたら、みなさんは何を想像するでしょうか。宇宙船でしょうか。人型ロボットでしょうか。体内のマイクロカプセル薬でしょうか。人工心臓でしょうか。あるいは無人の電気自動車でしょうか。

実際そのどれもが実現段階に来ていますが、私自身は、未来技術そのものもさることながら、**「未来技術をつくるための技術」**についても研究テーマにしたいと思ってきた人間です。そして学生時代から、そのひとつの可能性として、3Dプリンタに関心がありました。

私がはじめて実物の3Dプリンタを見たのは2000年のこと。当時所属していた東京大学人工物工学研究センターの一室に置かれた、おそらく数千万円はするであろう巨大な機械でした。久保田晃弘先生（現・多摩美術大学）たちが、この機械を使って、物質のデータ転送を通じた遠隔コラボレーションの研究を進めていることを雑誌で知り、興味を持ったのがきっかけでした。

当時はこうした機械をまだ「3Dプリンタ」とは呼んでおらず、**「ラピッド・プロトタイプ（RP）」**と呼ぶのが一般的でした。RPとは**「迅速な試作開発」**という意味です。

工業デザインやプロダクト開発においては、金型をつくる前に、まずは短期間で試作をつくり、細部を検討したり、問題がないかどうかをチェックする必要があります。あるいは建築のように大規模な構造物をつくる場合には、小さな模型をつくって検討したり、意見交換をすることが求められます。

3Dプリンタはそうした「実物未満」「製品未満」の、あくまで**「試作（プロトタイピング）」**のための機械、と位置づけられ、それが呼び方にまで反映されていたのでした。

しかしそのRPは、まだあまりに大きく、メンテナンスも難しかったために、日常的に使うのは難しいと判断せざるを得ない状況でした。

そこで当時の私は、逆に物質を情報として取り込むための、写真画像を使った「3Dスキャン」の研究や「ネットワーク・コラボレーション」の研究、創造性を支援するソフトウェアの開発を進めていくことに方向転換しました。いずれまた3Dプリンタを扱うことになるだろうと、心のどこかには留めながら。

自宅のリビングに設置してみる

その後RPの技術は小型化へと進み、私の他の研究も一段落して、いよいよ機が熟したと思ったのが、それから8年が過ぎた2008年のことです。

その頃から、「3Dプリンタ」という親しみやすい言葉が世界でも少しずつ広がり始めていました。「プリンタ」という言葉が付けられたことで、インクジェットプリンタとの連想・比較が生じ、「オフィスや家の机の上にあってもおかしくない」といったサイズ感やコンパクト感、価格感をうまく表す呼称として広がっていったように思います。

確かにその印象は、かつての洗濯機や冷蔵庫ほどの大きさもある、業務用の「**ラピッド・プロトタイプ=迅速な試作を開発する機械**」とはまるで異なったものでした。それは、生まれたての「未来の家電」のような存在感を放っていたのです。そこで私は、3Dプリンタを自宅のリビングに設置してみることにしました。

自宅に設置した「Fab@Home（家庭用ファブ）」という名の3Dプリンタは、米国のコーネル大学でホッド・リプソン准教授らが開発した、研究用の試験機でした。大きさは電子レンジほど、透明のアクリルでできた箱型です。

大学の研究室に機材を設置するのはよくある経験でしたが、「自宅に」設置することには、また違った興奮がありました。約30年ほど前、家にはじめてPCが届いたとき、電子レンジが届いたとき（どちらも私は小学生でした）のドキドキ感を思い出しながら、電源をつないで、おそるおそる動かしてみました。

雑誌やニュースで見られた方も多いかもしれませんが、箱型の3Dプリンタは、通常のインクジェットプリンタ（2Dプリンタ）に、さらにもうひとつ、高さ方向のZ軸を加えたような構造になっています。

そして、インク・カートリッジの代わりに、「Fab@Home」には「注射器（シリンジ）」がついています。自分で「好きな材料」を調合し、注射器に入れれば、材料が細い糸状になってモーターで押し出されてくる仕組みです。

注射器が、データに従って前後左右そして上下に動くので、材料が積み重なりながら、3次元立体となって「もの」が造形出力されていきます。つまり、ケーキの上にチョコレートを細く押し出しながら文字や絵を描いていく、〝あの手作業〟の自動版です。薄く平面に描くだけでなく、より高く積んでいくことで立体にもしていくわけです。

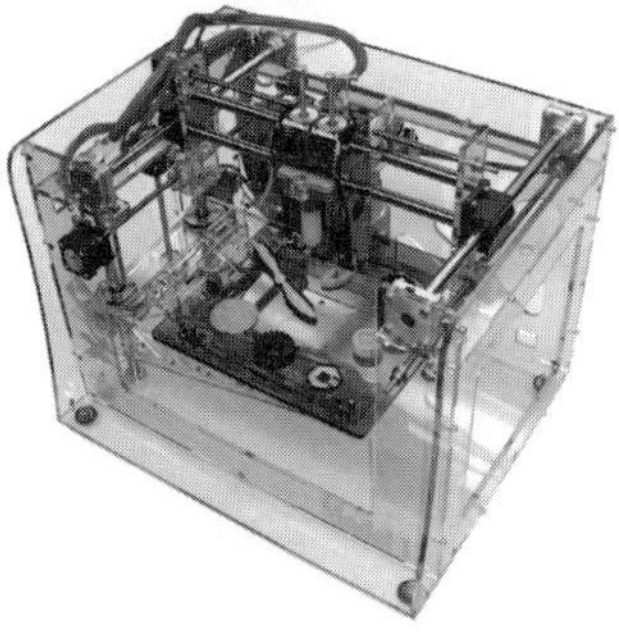

図1-1　Fab@Homeの外観（http://www.fabathome.org/wiki/より）。一緒に修理してくれたのは、鈴木真崇さん、多治見智高さん、豊田亮さん、中村優介さん、関島慶太さん、金崎健治さんらでした

試行錯誤が自在にできる

私が「Fab@Home」を気に入った一番の

理由は、材料を自由に変えて実験できることでした。エポキシ樹脂を入れてフィギュアを造形してみたり、氷を使って溶けるオブジェをつくってみたり、土を出力して土像をつくってみたり、またホットケーキ・ミックスを入れて料理に使ってみたり、チョコレートでお菓子をつくってみたり、複数の材料を混ぜてみたり（注射器が二個ついていました）など、当時思いつく限りの活用法を試してみました。

このときの印象は、まるで料理器具、あるいは好きな絵の具を混ぜて盛り付けていくような造形表現装置だったのです。

また世界には「バイオ・プリンティング」といって、この機種を使って細胞をプリントしようとする実験もあります。開発者のリプソン本人が、シリコンゲルを使って、ヒトの耳をスキャンしたものを出力することにも使っています。未来の家庭内医療へとつながっていく技術かもしれないのです。

これがかつての**「ラピッド・プロトタイプ＝迅速な試作開発機」**と明らかに違うといえる点は、具体的に次の二つに整理できます。

ひとつは、試作品ではなくて**「複雑な一品」**を直接デジタル出力できることです。将来的には、**金型のひとつ手前の試作をつくるのではなくて、デジタルデータこそが「型」の役割を果たしていく**ことがリアルに感じられました。

もうひとつは、素材を変えながら、繰り返し実験をしてみることで、自分自身の発想や想像力が強く刺激されることでした。**「つくりながら、かんがえる」「かんがえながら、つくる」**という同時性、即興性を実現してくれることで、ワープロや、シンセサイザーといった、人間の知的創造活動のパートナー的存在へと近づいているな、と感じられたのです。

もちろん、自分のためだけの一台でしたので、何度失敗しても大丈夫だ、という安心感を持てたことも重要でした。創造に必要なのは、いつの時代も、対象とじっくりと向き合って、失敗を積み重ねながら、試行錯誤（トライ・アンド・エラー）を繰り返していくことだという原則は変わらないからです。

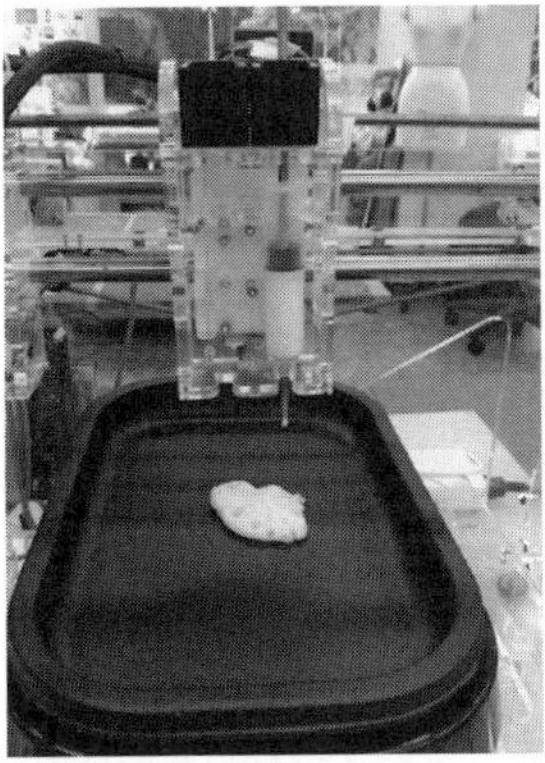

図1-2　対馬尚さんによる「Fab@Homeでホットケーキづくり」の実験の様子（慶應義塾大学田中浩也研究室）

オープンソース・ハードウェア

従来とは違う3Dプリンタの進化が感じられた「Fab@Home」でしたが、衝撃はまだそこでは終わりませんでした。この経験には少し長めの続きがあります。それこそが私にとって、本書のタイトルにも選んだ「ＳＦ」感覚について、真に考え始めるきっかけとなった出来事でした。

実は「Fab@Home」は、運んでいるうちにすぐ壊れてしまいました。実際、配線はむきだしで、明らかに実験機と思われるようなつくりでしたから、当然といえば当然の結果です。大学の研究室から生まれたばかりの実験機なので、便利な修理サービスもユーザーサポートも存在しません。代わりに、ネット上にすべての設計図と部品リストが公開されていて、それを参考にすれば自分でメンテナンスや修理ができるようになっているのでした。

こうした仕組みは**「オープンソース・ハードウェア」**と呼ばれています。筐体《きょうたい》が透明のアクリルでつくられているのも、**「ガラスボックス化」**（すべてを覆い隠してしまう**「ブラックボックス」**の逆概念で「仕組みを透明化してメンテナンスしやすくしておくこと」を指します）の象徴としての意図があったようです。

機械技術に明るくない人であれば、ここで怯《ひる》んでしまうところかもしれませんが、私は学生と一緒に（私も当時そこまで機械技術に明るかったわけでも、それ自体が専門だったわけでもないのですが）、ここから長い修理のプロセスを選ぶことにしました。

実際、原理を学びながらの作業だったこともあって、この修理には何年をも要することになります。

アップデート可能な機械！

同時にこの頃から、世界では3Dプリンタに関するいくつかの特許が切れ始め、「樹脂専用」の小型3Dプリンタが無数に登場し始めていました。私も別のメーカーのものをもう一台手に入れることができ、それを使って壊れた「Fab@Home」を修理しようと計画を立てました。

ところが、新しく届いた3Dプリンタには、私の想像をさらに先回りするような仕組みが組みこまれていたのです。説明書には、おおむね次のようなことが書かれていました。

「この3Dプリンタの電源を入れて、何よりも最初に出力してほしいものは、この3Dプリンタ自身の部品です。データはウェブサイトに公開しています。それを出力して大切に保管しておけば、壊れた際にもすぐに部品交換ができるでしょう。」

早速ウェブサイトを覗いてみると、そこには私の手元にある機械に装着されているものよりも、さらに改良された「バージョンアップ版」の部品の最新データが公開されていました。改善された部品が順次公開され、それをダウンロードしてよりよい部品に交換していくことができるのです。この仕組みによって、初期の問題は少しずつ克服されていきます。まるで**ソフトウェアの「アップデート」の「物質版」**のような仕組みなのでした。

その機械自身で、その機械を修復し、部分的に改良していくことができる!?

この時点で、私はこれが単なる「3Dの立体を出力する装置」という概念だけでは捉えきることのできない、ネットワーク時代ならではの新しい想像力を開くような端末であることを悟りました。

ソフトウェアやウェブサービスでは、日々、問題の発見と改善が行われ、アップデートの通知が送られてきます。完成のない**「永遠のベータ版」**と呼ばれる仕組みが一般的になっています。その概念がいよいよ物理的な「もの」の世界にも染み出してきているのでした。その出入り口、「扉」に相当するのが3Dプリンタだったのです。

自己複製するロボット

ところで、現在マスメディアで盛んに報道されている「3Dプリンタ」の説明では、こういった、背景にあるネットワークの想像力についてはあまり語られていないようです。一足飛びに「何がつくれるのか」「何に応用できるのか」「どの程度の実力なのか」といった、出力物の品質の議論ばかりが短絡的に行われているように私には見えます。それで

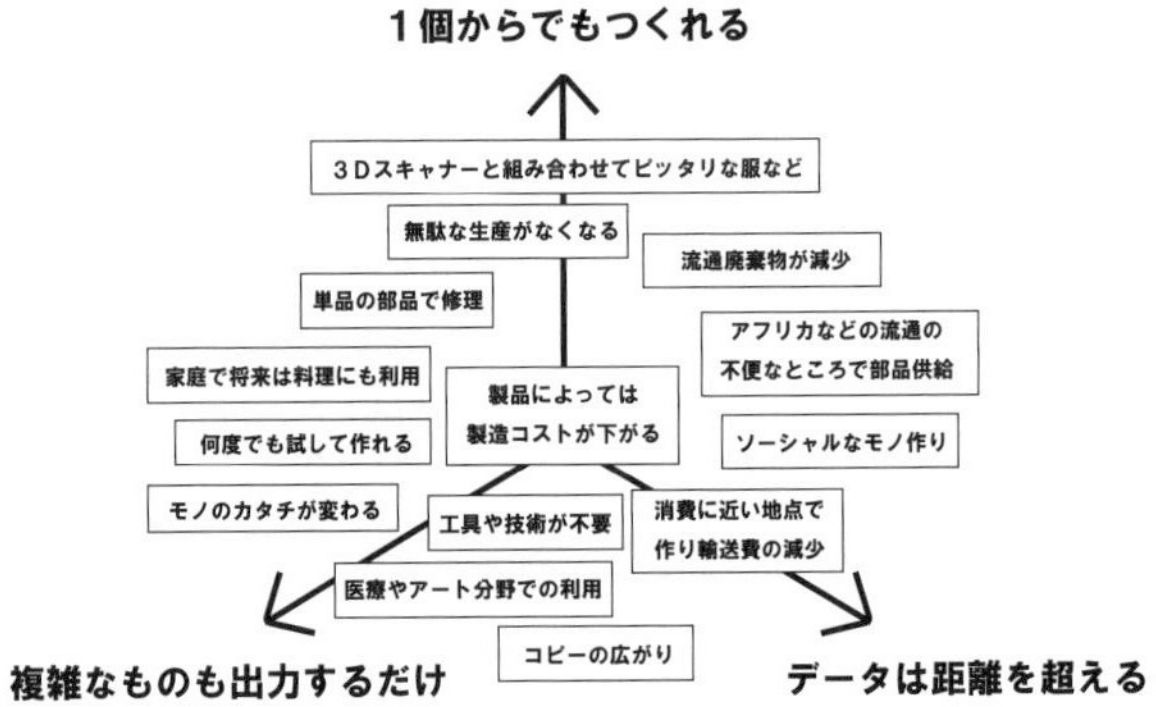

図1-3「3Dプリンタの本質は、モノをつくることが〝ネットのパラダイム〟に乗ることだ」(https://weekly.ascii.jp/elem/000/000/184/184415/より)。遠藤諭さんによるまとめの図を、許可を得て転載

は、かつてのRPの時代とあまり発想が変わらないでしょう。

上の図は、遠藤諭さん（角川アスキー総合研究所）が発表された、「3Dプリンタ」の可能性の鮮やかな整理です。この図の右下の領域が、言説としてまだほとんど顕在化していないと思うのです。本書ではこの部分にこそ焦点を合わせ、詳しく考察していきますが、その前に家庭用3Dプリンタ誕生の初期を支えた研究者が持っていた世界観を、もう少し詳しく追っていきましょう。

Fab@Home開発を先導した、コーネル大学のホッド・リプソンは、もともと3Dプリンタの研究者というより、**「自らコピーをつくりだすロボット」**を探求していた人でした。

彼が2005年に発表したロボットは、自

分と同じロボットを、もうひとつコピーする機能が含まれたものでした。ただ、この時点ではまだ、ロボットが部品自体をつくることまではできず、あくまで用意された部品を組み立てる作業を行うだけでした。

しかしこれを3Dプリンタと組み合わせれば、部品まで生産して自己複製するロボットが、近い将来可能となるかもしれません。リプソンは、3Dプリンタから出力されたロボットが、自ら勝手に歩いて、プリンタから出ていくことをひとつの目標としている、と私に話してくれたことがあります。

リプソン自身は、こうしたロボット研究を通じて、「生物」の条件について考えています。ただ、生物そのものを調べるのではなく、**「自己複製・自己増殖するロボットの仕組み」**をつくることで生物の根源を考えようとするのが彼のスタイルなのです。そしてそれはまた、人工物の今とは異なるありかたを考察することでもあります。

生物のメカニズムをヒントにする

こうしたアプローチは、実はリプソンに限るものではありません。環境にしなやかに適応するものづくりの新しいありかたや、世代を超えて進化する人工物を考える場合、私自身もそうですが、「生物のメカニズム」からヒントをもらうアプローチが採られることが

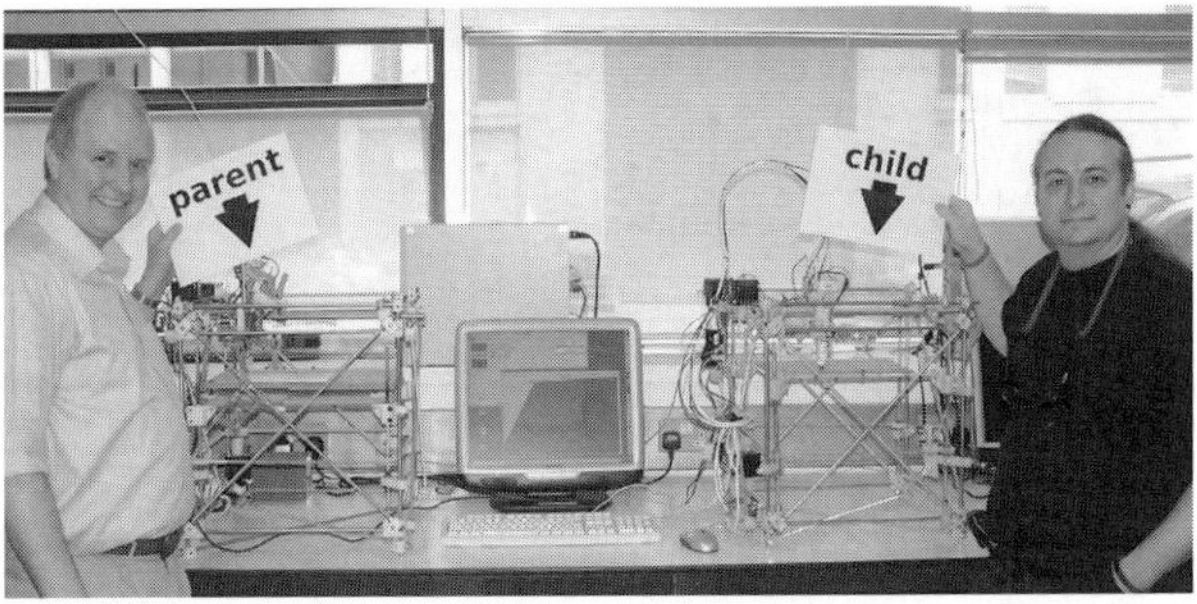

図1-4　エイドリアン・ヴォイヤー（左）とヴィック・オリバーによる「親RepRapで子RepRapをつくる」初期実験成功の様子（http://upload.wikimedia.org/wikipedia/commons/a/a7/First_replication.jpgより）

多くあります。

イギリス・バス大学のエイドリアン・ヴォイヤー教授もそのひとりです。彼はリプソンとほぼ同時期に**「3Dプリンタで、3Dプリンタをつくる」**"RepRap"というプロジェクトを開始したことで知られています。

3Dプリンタでその3Dプリンタを構成する部品をすべて出力し、その部品群を組み立てれば、もうひとつ同じ3Dプリンタをつくりだすことができます。とはいえ、いまの家庭用3Dプリンタでは樹脂パーツしか出力できないので、もちろん完全にとはいきません。金属のパーツや電子回路などは別途購入して用意する必要があります。

それでもヴォイヤーは、ニュージーランドに住むヴィック・オリバーとサズ・オリバー夫妻と連携してプロジェクトを進め、「RepRapで、RepRap

をつくる」初期の実験を完成させました。その写真は広く紹介されて世界中の人々を刺激しましたが、彼の功績は、さらにその世界観までを広く伝えたことでした。

ヴォイヤーは、工場で全く同じ製品を大量にライン生産するこれまでの製造システムを改め、モノからモノが生み出され、それが続いて連鎖していくなかで、徐々に進化していくという、生物の生殖や進化に近い、新しい工業モデルを提唱しました。

この仕組みについては、植物の種を喩えに出してみると、分かりやすくなると思います。植物の種は、ひとつ手に入れて、大切に育てれば、木に育ち、実がなり、そこから種が落ちて増やしていくことができます。人間が品種改良を加えることもできます（種苗法という法的ルールがありますが）。RepRapはもともと、そうした**「生物」の原理を、「人工物」の生産システムにも持ち込もうとした**研究プロジェクトだったのです。

もちろん、こうした生産の連鎖は太古から存在するものだともいえます。地球上にある、あらゆる道具は他の道具によってつくられたもので、あらゆる機械は他の機械によってつくられたものだからです。さまざまな機械や道具を生みだす最初の機械のことは特に「マザーマシン」と呼ばれています。しかし、その「増殖」を、家庭で個人でも実現できるようにしようとするところにこそ、新時代の息吹が感じられたのです。

その必然性について、ヴォイヤーは、いまの大量生産の基礎をつくった「産業革命」の発祥の地であるイギリスが、同時に「進化論」のダーウィンの国でもあることを、よく引き合いに出します。そして、そのふたつの知性を重ね合わせて新時代の展望を開いてみたい、と言うのです。

実際、ダーウィン生誕200周年だった2009年には、イギリス国内でたくさんのイベントが行われました。そのときに、他の研究者も一緒になって、「生物学で発見された進化論のメカニズムを、今度は、工業生産の仕組みに応用できるのではないか」というテーマで、さまざまな議論が生まれました。

その際にヴォイヤーは、3Dプリンタの材料となる樹脂も、生物由来のPLA（ポリ乳酸）を使うことで、環境に負荷をかけることが少なくなり、地球環境に親和性が高くなること、そして破棄物が出ない循環の仕組みが実現できることも展望しています。

その機械自身でその機械をつくる、増やす、直す、そしてつくられたものが自然環境にも溶け込むといった世界観は、こうした一連の地理的・時代的な関連のなかで広められていったものでした。

RepRapプロジェクトの思わぬ展開

「機械が機械をつくる」という自己増殖のストーリーは、かつてSF（サイエンス・フィクション）でよく取り上げられていた題材です。私自身は、J・P・ホーガンの『造物主の掟』や『造物主の選択』などが記憶に残っていますが、他にも多数が存在するでしょう。テーマ的に本書とも関連深い、野尻抱介さんの『南極点のピアピア動画』でも扱われています。

そして21世紀のいま、技術の進歩によって、これは単なるフィクションではなく、現実に実装されることが話されるまでになっています。それも、特殊な大学の研究室のなかの出来事ではなく、社会を広く巻き込んだ研究展開ができるのが現代の特徴です。

では、RepRapプロジェクトはその後、どのように展開していったでしょうか。「RepRapでRepRapをつくる」ことはどんどん連鎖して、いま大量生産に代わるものになっているでしょうか。

実際のところ、RepRapそのものによって次々にRepRap自体が爆発的に生産され増えていったということは起こっていません。現状では、樹脂を出力する速度が遅すぎますし、つくられるパーツの精度が低すぎるという問題がありました。何よりも3Dプリンタで重要なのは金属のパーツや電子回路など「樹脂以外でつくられる部分」だったことも理由にあるだろうと思います。一部の実験を除いて、RepRapの再生産がどんどん連鎖して止まらないという話を聞くことは、いまのところありません。

しかし、だからといってRepRapの実験が失敗だったわけではないのです。むしろ、爆発的な広がりが生まれたのは、このRepRapの設計図がオープンソースとなってインターネット上に公開されたことがきっかけでした。公開された設計図を参考に、世界中で派生形をつくりだす自発的な人々が生まれ、ネット上に大きなコミュニティをつくりあげていったのです。

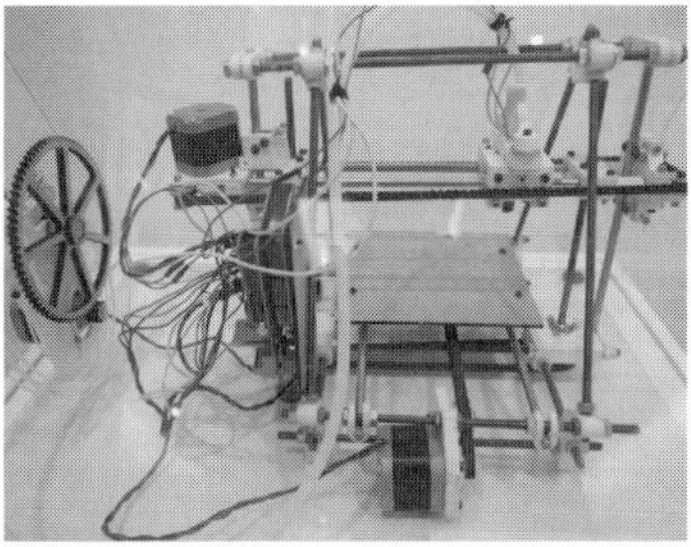

図1-5　早稲田治慶さんと日本で組み立てた「RepRap」

初代RepRapは、残念ながら、それほど安定しているものでも、組み立てやすいものでもありませんでしたが、世界のなかに、もっと安定した、精度のよいRepRapをつくりだして、それを量産し製品にしようとするグループが無数に現れたのです。

そのひとつが、ニューヨークを基盤とした「MakerBot」のグループでした。彼らが開発した「Replicator」という機種は、いまでは一般の人でも購入しやすい家庭用３Ｄプリンタ（樹脂専用）の一スタンダードになっています。

このMakerBotの他にも、折り畳み式のもの、スーツケース式のもの、自動販売機大の大きなものまで、

RepRapをもとにした、いろいろな亜種や変種が今も世界中で生まれ続けています。現在家庭用３Ｄプリンタとして市販されている製品のうち、かなりの割合は、RepRapの設計図をもとにつくられたものだといっても過言ではありません。

ちなみに日本にも、RepRapの情報交換を行うコミュニティ（RepRap Japan）や、いち早く商品化の取り組みをはじめた、ホットプロシードという会社が存在しています。

ネットワーク×ものづくり

繰り返しますが、ヴォイヤーの大きな思いは、生物のように連鎖する、人工物の生産メカニズムを実現することでした。生物が細胞分裂したり、自己複製をするような方法を取り入れることで、**機械的に**達成しようと試みたわけです。

しかし実際には、インターネット上で設計図が公開されたことで、**文化的な**広がりを見せたことのほうが、大きな浸透力を生む結果となりました。

これはこれで、結果的に当初の狙いが別の形で達成されているように私には思えるのです。ただし、**生物の遺伝子**（ジーン：Gene）が生殖によって親から子へ継承されるメカニズムよりは、むしろ、**文化の遺伝子**（ミーム：meme）が人々のコミュニケーションのなかで拡散されるメカニズムのほうが効力を持った（速かった？）と考えたほうがよいかもしれ

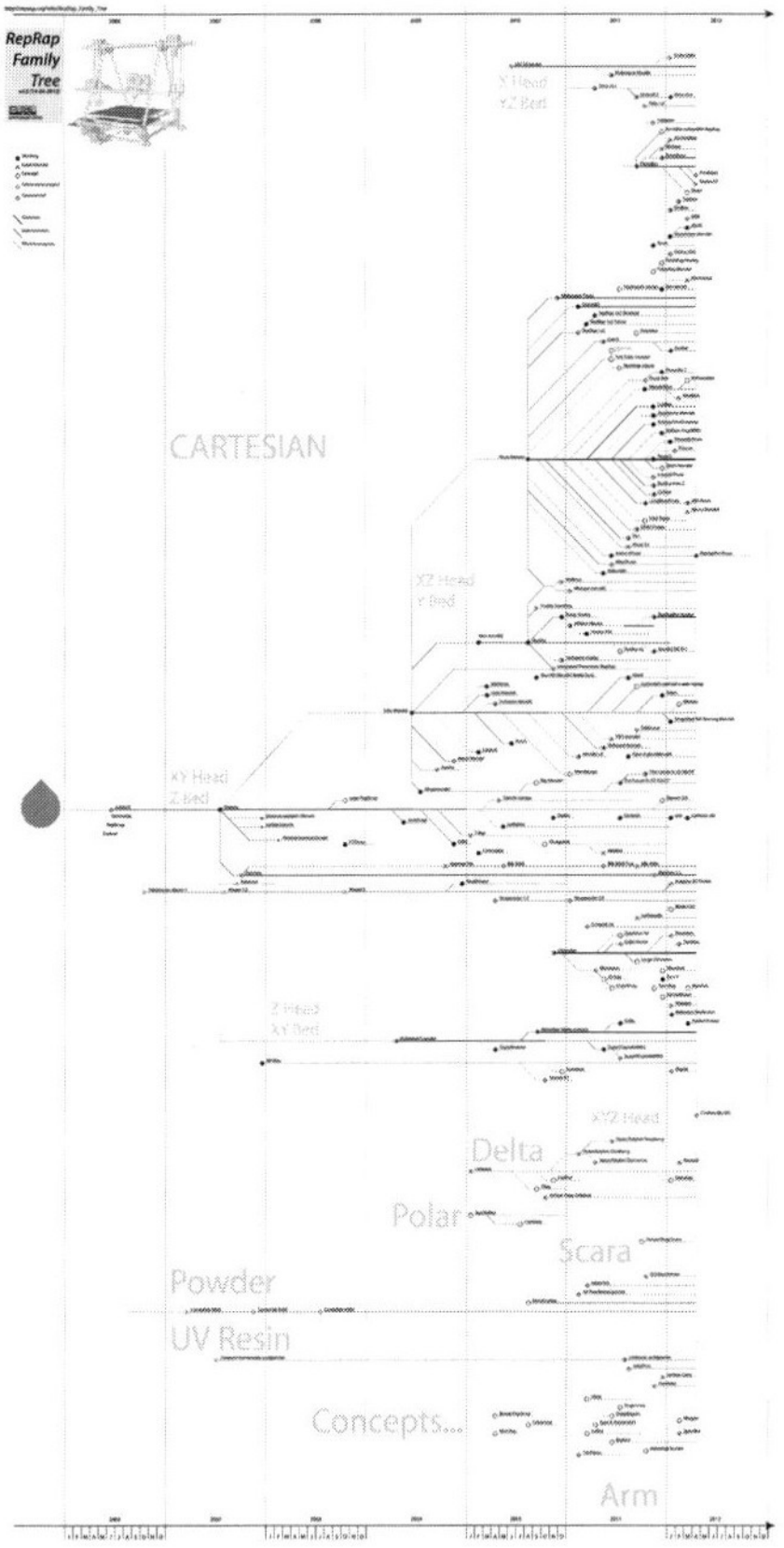

図1-6　まるで生物の進化系統樹のように見える「RepRapの品種改良・系統樹」（http://reprap.org/mediawiki/images/e/ec/RFT_timeline2006-2012.pngより）

ません。あるいは、種から種が生みだされるというよりも、人々がこぞって「品種改良」の営みに参加したことのほうが推進力として強かったと言うこともできそうです。

とにかく私がここで強調したいことは、「機械が機械を生みだす」という状況が、**自動的なシステムが発動して勝手に進んでいったわけではなくて、人間の営みが加わることではじめてプロジェクトとしていきいきと進行していった**ことです。

「（人が何もしなくても）自動的に何かが進む」というのはどちらかといえば古い技術観だと私は考えています。現代的な技術観では、むしろ「自発的な人々が社会的に連携することで」進行していくプロセスに意味があると考えられるのです。そして、これを支えているのがグローバルなインターネット環境です。

ネット上のコミュニケーションを通じて、機械（やその設計図）が改良され、修正され、派生され、進化されて、世界のさまざまな場所で多様に生産され伝搬していく。こうしたオープンソース・ハードウェア特有の文化現象がいまも続いています。

RepRapプロジェクトも、結局は、インターネットと、3Dプリンタ（デジタル工作機械）と、さまざまな国にいた人々の連携、という三つの要素が組み合わさったプロジェクトになりました。この三つの要素は、「まえがき」で紹介した、私のDIY顕微鏡プロジェクトと全く同じです。これが**「ネットワーク×ものづくり」**の実相なのです。

フィクションからファブリケーションへ

ネットワークといえば、パソコン通信が始まったのがおよそ30年前。いまではインターネット社会となり、スマートフォンをはじめとするあらゆる端末が接続されるようになりました。こうして人と人とがつながり、「ソーシャル・ネットワーク」が生まれています。

そこではもっぱら情報のやりとりが行われていますが、ある強い推進力（物語や必然性）がもたらされさえすれば、異なる技術をもった人々が集いはじめ、ともに何かを現実化するプロジェクトが始まります。**「フィクション（空想）」が「ファブリケーション（実現化）」へ転じる**のです。

RepRapのようなプロジェクトでおそらく重要なのが、インターネットがグローバルな空間であることです。というのも、身のまわりに声をかけても仲間がすぐには見つからないような、ニッチな（マイナーな）関心に基づくプロジェクトであっても、世界中を探せば共感してくれる人は必ずいるからです。

そして、さまざまな国の人々がコラボレーションすることによって、力を合わせて共通基盤をつくりながら、また同時に、地域や文化に合わせた修正が加えられたり、状況に適合されたり、機械がそれを使う人のために改良されたりという「多様性」も生み出されていきます。

先にも述べましたが、かつての技術の支配的なイメージだった「**オートマチック**（**自動**）」というよりも、「**ソーシャル**（**社会性・つながり**）」と「**オートノミック**（**自律性・自主性**）」がここでの推進力となっています。こうした新しい運動こそを、21世紀のＳＦ、「**ソーシャル・ファブリケーション**」と呼びたいと思うのです。

ファブリケーション＝こしらえる

「ファブリケーション」は、これまで一般にあまりなじみがなかった言葉かもしれません。この言葉はもともと、工業分野では「組み立て製造」や「製作」という意味を持っています。特に半導体の分野を中心に広く用いられてきました。他にも建築分野で、「プレファブ（プレハブ）住宅」といえば、あらかじめ（事前に＝プレ）建材をつくっておいて組み立ててつくる家のことですし、「ファブレス企業」といえば、製造工場を持たないメーカーのことを指す場合もあります。

さらに、政治の分野では、「嘘の情報を捏造する」ことを意味しています。「でっちあげる」や「まがいもの」、「つくりごと」といった意味もあります。「真実」や「事実」の情報を大切にする立場からすれば、あまり印象の良くない言葉でもあるようです。

ただ、私の分野（工学）から言えば、人間が知性を働かせて、自然状態にはもともとなかった人工物を意志を持って実現するという「創造」は、もちろん肯定されるべき行為です。**ある思いをもとに新しい人工物をつくりだすことを人間はやめることができません。**

もともと「フィクション」という言葉も、架空の出来事、作り話、想像上の絵空事、虚構といった意味を持っていますから、それを物理的に実現しようとする「ファブリケーション」とは、そもそも概念的な距離が近いものなのです。

もちろん、語弊があるかもしれませんし、悪い印象を拡散させたいわけではありません。そこで、これまで述べてきたような文脈で「ファブリケーション」に一番近い日本語をひとつだけ挙げるとするなら、**「こしらえる」**ではないかというのが、私のまわりで共有されているニュアンスなのですが、いかがでしょうか。

デジタル革命3・0

現在の、コミュニケーション重視の「ソーシャル・ネットワーク（ＳＮＳ）」を、空想を実現する「ソーシャル・ファブリケーション」の濃密なプロジェクトへと展開するために、最も必要なのは、物語や必然性といった強い推進力に他なりません。それがあってはじめて、デジタル工作機械が手段として活きてくるはずです。

デジタル工作機械はそのとき、これまでコンピュータの画面の中だけで動いていた活動や概念を、物理的な外の世界へと広げていく新しい原動力になってくれます。

コンピュータの画面の外の世界に目を転じると、そこに見えるのは、さまざまな「物質」です。石、木、紙、金属、樹脂、アクリル、コンクリート。これらが、人間が加工・成型し、「もの」をつくるための材料です。また、電気を通す素材と、通さない素材とを組み合わせれば、電子回路をつくることができます。こうして、この情報化時代において、物質との新たな対峙を可能としてくれるのが、「デジタル工作機械」なのです。

ソーシャル・ネットワーク上の人間関係へだけ**没入**（イマージョン）しがちだった私たちの行動様式は、ここで、外へと働きかけていく正反対の**外転**（エバージョン）へと向きを転じることになります。このことを、情報社会学者の公文俊平さんは「デジタル革命3・0」と呼んで、次のように分かりやすく整理してくださいました。


デジタル革命1・0は、半導体とパーソナル・コンピュータによる「計算」

デジタル革命2・0は、携帯とインターネットによる「通信」

デジタル革命3・0は、新材料とパーソナル・ファブリケータによる「製造」

デジタル革命2・0までは人とコンピュータをつなぎ、「頭脳」を拡張する革命でした。デジタル革命3・0からは、頭脳だけではなく、ものをつくる「手」や「道具」、そして「機械」をつないでいくことが始まります。世界中の「つくる手段」が接続されてゆくのです。インターネットを背景に、より強く、外の世界へと働きかけていくのです。

自宅の机に小さな「工場」が

SFが好きだった私は学生時代から、インターネットの次はロボットの時代がやってくるのだと漠然と思っていました。SFといえば、まず連想されるのはロボットというのがお決まりのパターンです。実際、私は自宅にお掃除ロボット「ルンバ」を持っていましたし、いくつかのペットロボットも買いましたし、自分でも鳥と会話するロボットなどをつくっていました。

しかしある日、リビングに設置された「Fab@Home」を見ていて、これはかたちを変えたロボット技術なのだ、と分かって膝を打ったのです。かたちこそ箱型ですが、そこに使われている技術要素は実はロボット技術とかなり近いものなのです。

世間でよく言われているような介護ロボットやペットロボットとは、外観も役割も大きく違うので分かりにくいのかもしれません。外観は、人や生物のかたちをしていませんし、役割も、人や生物の「代わり」としての機能を果たすわけではありません。家の中でもともと人が行っていた行為を機械に代替させる、という発想とは大きくかけ離れています。

ただ一方、工場では、ロボットアームなどの産業用ロボットが、工作目的で長く使われてきました。実は産業用ロボットと工作機械は、厳密にいえば定義が異なるのですが、「ものをつくる機械」という意味では、ここではほぼ同じものと見なしてもよい程度の違いです。工場では、人間の労働者の代わりにロボットを用いて作業を自動化するということが長く続いてきました。そんなロボットが小型化し、人型ではなく箱型に転じて、家庭にやってきたのが3Dプリンタだと捉えてみたらどうでしょうか。**小さな「工場」が自宅の机の上にやってきたのです。**

自宅でものをつくるということは、特殊な場合を除けば、多くの人にとって稀《まれ》なことであったはずです。ですからこれは、家の中でこれまで人が行っていた行為を機械に代替させる類の技術ではありません。むしろ、**新しい行為が家庭にやってきたのだ**と捉える必要があるでしょう。

さらに別の捉え方をすれば、長らく工場で「自動化」を目的として使われてきた産業用ロボットを再解釈し、より個人的で創造的な、新しい用途を発明していく機会が与えられたとも言えそうです。

そんな未来を一足先に体験しようと試みた私が、修理が済んだFab@HomeとRepRapを使って何ができたか。私の自宅のリビングで何が起こったかは、少し後になりますが第5章で詳しく述べたいと思います。

私の「3Dプリンタ」観

本書ではデジタル工作機械の「機能（何ができるのか）」ではなく、「意味（何をもたらすのか）」こそを考えていきたいのですが、そのために随所でマーシャル・マクルーハンというメディア学者の論を参照しようと思います。

マクルーハンはさまざまなものの見方を提示しましたが、そのなかの有名なひとつに**「あらゆるメディアは身体の拡張である」**という言葉がありました。自動車や自転車は足の拡張、ラジオは耳の拡張、望遠鏡や顕微鏡は目の拡張と捉えられるとし、あらゆるテクノロジーやメディア（媒体）は人間の身体の特定の部分を「拡張」する（そして同時に感覚を変容させる）ものだと主張しています。

その論を借りつつ、**インターネットは人間の「神経系」を拡張するものだ**という議論が、90年代に華々しく登場しました。私の学生時代はまさにその言説の真っ盛りでした。

ワールド・ワイド・ウェブのネットワークの図は、まさに身体の中の神経系が外側に広がって、地球を包むように相互接続されたものだ、というイメージが語られていたのです。では、これを引き継いで考えるとすれば、現在の3Dプリンタは、私たちの身体のどの部分の拡張に当たるのでしょうか。

実はその部分は、細胞のなかにあります。ここで、生命科学の知見を参照してみましょう。これはフィクションではなくて本当のサイエンスです。

私たちの細胞のなかには、実は3Dプリンタと似た機能がもともと備わっています。遺伝情報が書き込まれたDNAの塩基配列は、4種類の記号の組み合わせ、すなわち2ビットの「デジタルデータ」の列に他なりません。

このデジタルデータは、RNAに転写されたのちに、「リボゾーム」と呼ばれる細胞内の小器官で、20種類の材料に対応づけられるのです。そして、材料が運ばれてきて連結され、アミノ酸が組み立てられます。アミノ酸は、折り畳まれて、最終的に「タンパク質」が製造されます。

こうして、**遺伝子という「情報」からタンパク質という「物質」が製造される**わけです。これを担っている「リボゾーム」が、デジタルデータからそれに対応する素材を取り出して組み立てるという意味で、いわゆる「デジタル工作機械（3Dプリンタ）」に近い役割を果たしています。つまり細胞内に存在する「工房」なのです。

ここで重要なのは、リボゾームそのものも50種類以上のタンパク質からできていることです。まるで3Dプリンタで3Dプリンタをつくるように、リボゾームはリボゾームもつくり出しています。

私たち自身の身体の奥深く、細胞の中にもともと備わっている「デジタル的なものづくりの仕組み」をもとに、その原理を身体の外にそっくり取り出したかのような技術。**情報から物質への変換装置**。それが私の「3Dプリンタ」観です。

身体を人工的に補完する

「自分の身体も、実は情報が物質に転写されてつくられているのだ」という事実を知ってから3Dプリンタを改めてよく見てみると、なんだか自分の身体の中を覗き込んでいるような不思議な感覚に襲われます。3Dプリンタは「自分の身体の奥の奥には、こんな感じの仕組みが潜んでいたのか」、ということを教えてくれる「モデル」でもあるのです。

そして、こうした生物学の文脈を踏まえると、3Dプリンタが、自己複製や自己修復といった生物の仕組みを模倣する実験に使われることにも、見えない必然性があるように思えてきます。あるいは、人間の軟骨をゲルで出力したり、義手や義足、装具や自助具に役

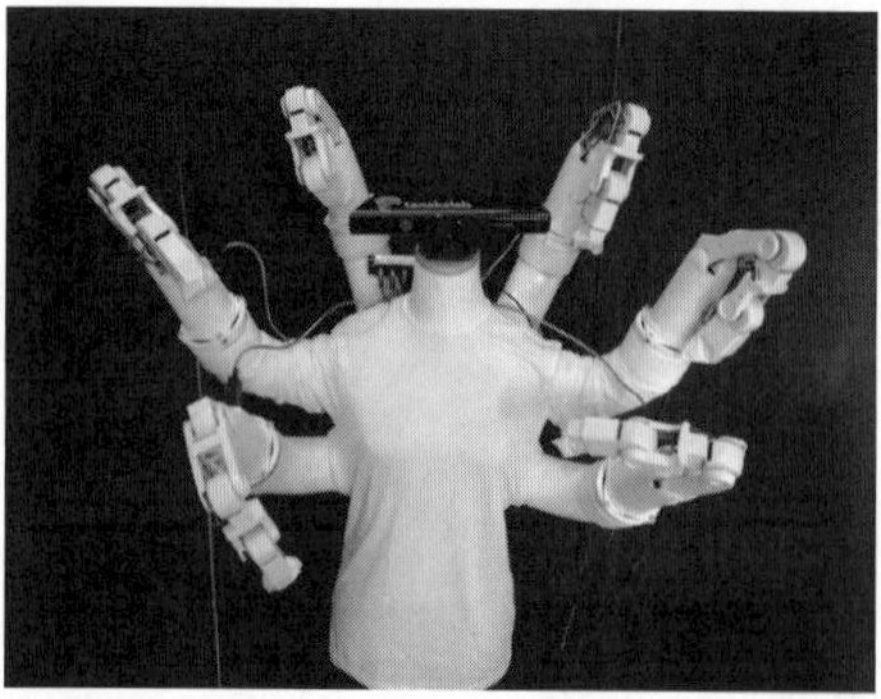

図1-7　阿修羅像からインスピレーションを受けてつくった、６本の腕を持つ工作ロボット「ファブ・アシュラ」。もしも６本の腕を持ったとしたら、人間はどのような工作を行うだろうか？　それを考えるためのプロトタイプ。主に升森敦士さんと三井正義さんの２人による（慶應義塾大学田中浩也研究室）

立てるといった、生体と親和性のあるものづくりによく用いられることにも根拠がありそうです。

おそらく最終的には、3Dプリンタによって、私たちは**「自分たちの生きている身体を人工的に補完する」**ことについて、もう一度深く考え直さなければいけなくなるはずです。ここでいう身体とは、意識としての私ではなく、物体（もの）としての私のことです。本書の範囲を超えてしまいますが、新しいサイボーグ観を検討しなければいけなくなるかもしれません。実際、3Dプリンタの研究コミュニティでは、生体、医療、バイオ、人間拡張といったキーワードが飛び交っています。こうしたアカデミックな3Dプリンタの学術研究はこれからも続けられていくはずです。

私の研究室でも、「ものをつくる身体」というテーマでこれから研究を進めていく計画です。未来の人々は、ケータイほどの大きさの「モバイル3Dプリンタ」を持ち運んでいるかもしれません。仮面ライダーの「ライダーマン」のように、腕をさまざまな道具に切り替えているかもしれません。新たな実現手段を手に入れたことで、かつての「空想」がどんどん思い出されてくるのです。

私たちは、私たちの「からだ」を、どのようにしてゆきたいでしょうか？

この問いは、今後の研究の中で深めていく予定です。


ＳＦと３Ｄプリンタを巡る導入はこのあたりでいったん閉じることにしましょう。次の章では、もうすこし一般の目線に立って、現在使うことのできるデジタル工作機械について解説していくことにします。

第2章　メディアとFAB
——情報から物質へ

さまざまな「PC周辺機器」

ものづくりの手段という観点から見れば、3Dプリンタやレーザーカッターといった「デジタル工作機械」は最近になって急に現れた技術ではなく、すでに40年以上の歴史があります。

もともと工場で人が操作して金属を削るための道具だった「フライス盤」や「ルーター」は、手ではなく数値で制御するようになり、「NC」(Numerical Control)と呼ばれるようになりました。そして、さらにコンピュータが接続されることで、今ではもっぱら「CNC」(Computer Numerical Control：コンピュータ数値制御)と呼ばれています。AppleのMacBookやiPhoneなどのアルミの筐体は、CNCの加工による削り出しでつくられている最も身近な例です。

このように、デジタルデータを使ったものづくりは工場では昔からありましたが、目指されていたことは、**工作機械にコンピュータをつなぐことで、より精密に自動制御すること**でした。

しかし近年「デジタル工作機械」が家庭に入ってくるようになり、まったく逆の方向からものを見ている人が増えています。それは、「工作機械に、コンピュータをつなげる」という順序ではなく、「コンピュータ(あるいはネットワーク)に、工作機械をつなげる」

という反対の順序でアプローチするケースなのです。

現在の情報化社会では、多くの人がすでに**「パーソナル・コンピュータ」**を持っていると思います。そのコンピュータの、新しい外部出力装置、すなわち周辺機器の役割として、デジタル工作機械がいま位置づけなおされつつあるのです。

ここから、パソコンの軽やかな感覚の延長上に、まさに「プリント」感覚で、デジタルデータを物質に出力する文化が生まれ始めました。ネットワーク上で3次元立体を遠隔転送することも、そうした延長上にある想像力です。

実際、いま私は自分のパソコンでワープロソフトを立ち上げて、この文章を書いていますが、「Fab Module」という別のソフトを立ち上げれば、そこには好きな2次元や3次元のデータを読み込むことができます。データを整えて、「印刷」ボタンを押せば、いくつかの工作機械の候補が並んで表示されるようになっています。

リストに出てくるのは、**ペーパーカッター**（小型のカッターナイフで紙や薄いシートを自動的に切る機械）、**レーザーカッター**（レーザーでアクリルや木材ボードなど薄い板状のものを切る機械）、**ミリングマシン**（エンドミルを使って分厚い板に穴を空け、削り、切り取る機械）、今後追加が予定されているものとして、**デジタル刺繍ミシン**（布に糸を縫い付ける機械）、卓上の小型**ロボットアーム**（いろいろな用途に使えますが、私は部品

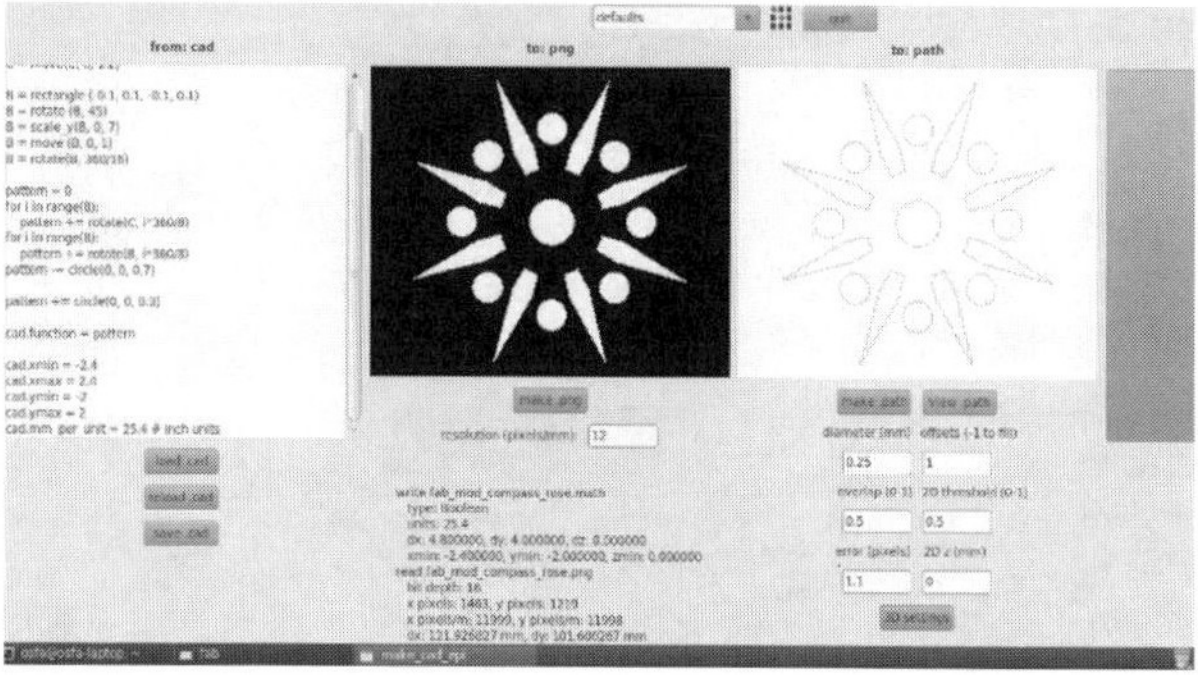

図2-1　複数のデジタル工作機械を一律制御するための共通プラットフォーム"Fab Module"（英語版http://kokompe.cba.mit.edu/　日本語版http://fabos.sfc.keio.ac.jp/　©MIT Center for bit and Atoms, 慶應義塾大学田中浩也研究室）

どうしを組み立てたりすることに主に利用しています）、そして前述の**3Dプリンタ**、などが挙げられます。

これらの工作機械がUSBにつながった「PC周辺機器」なのです。利用したい材料をセットし、加工法を選択して、パラメーターを調節し、「印刷」をすれば、しばらくして「**情報が物質化**」されて取り出すことができるようになります。コンピュータスクリーンという、デジタルとフィジカルを分け隔てる厚い壁が崩れて、データが「もの」となって出現するという感覚です。

まるでデジタル・キッチン工房

それぞれの機械の特徴や作例などについては、別の書籍（『実践Fabプロジェクトノート――3

Dプリンターやレーザー加工機を使ったデジタルファブリケーションのアイデア40』グラフィック社)に詳しく記されているので、実際につくられるものと併せて、カラー写真でご確認ください。本書では技術解説的なことに深く立ち入ることは避けるつもりですが、ここでは機械の「分類方法」に注目しながら、見取り図だけを示しておきましょう。

立体の造形には太古から大きく二つの系統があります。

ひとつは、ハサミやカッター、ドリル、包丁、ノミなどのように、ある材料があって、そこから一部を取り除いていく**「引き算(Subtractive)方式」**です。

もうひとつは浜辺や公園の砂場で砂のお城をつくるときのように材料を付け足して固めていく**「足し算(Additive)方式」**です(この後者の方法で最終的に製品までをつくることを目指すのが、「付加製造方式(Additive Manufacturing)」と呼ばれる技術です)。

前者は**「彫刻のような方式」**、後者は**「粘土のような方式」**といってもよく、当然ながらこの両者は**「プラス」**と**「マイナス」**の相互補完的な関係です。これが、ものの「足し」「引き」なのです。「足し算」の代表例が3Dプリンタで、「引き算」の代表例がCNCやレーザーカッターと捉えれば、分かりやすいのではないでしょうか。

ここに加わるのが、部品どうしを縫いつけたり組み立てたりするためのアセンブリ・ツールです。その代表が、ミシンと、ロボットアームです。ミシンはもともと手芸ショップに置かれていましたが、最近ではPCショップでも扱うケースが増えているようです。ロボットアームはまだ過渡期で、工場で使われている大型のものが多い状況です。しかしこれから徐々に小型化してくることが予想されています。

また、ものづくりでは材料自体に化学変化をもたらすことが必要不可欠です。材料を調合したり、温めたり、冷やしたり、乾燥させたり、場合によっては料理用の器具を使って、かき混ぜたり、こねたり、つぶしたり。オーブンや冷蔵庫も欠かせませんし、加湿器を備えた箱などもよく使います。

そして最後に、デジタル工作機械には、情報から物質へと変換させるものばかりでなく、物質から情報へと逆に変換させるものも含まれます。その代表例が、3Dスキャナーです。

スキャナーにはさまざまな種類があります。赤外線を使うもの、カメラで撮影した画像だけで3次元がつくれてしまうもの、細いピンを当てて正確に物質の表面を測定していくもの、あるいは内部構造まで撮れてしまう、医療でよく使うCTスキャンなどです。ハンディタイプのものもあります。

切る道具、貼る道具、化学反応の道具、測る道具、そういったさまざまなデジタル工作機械が並ぶと、そこはまるでキッチンのような風景になってきます。ここまで来ると、リ

図2-2　さまざまな工作機械が並び、まるでクッキングスタジオのようなファブラボの様子（オランダにあるファブラボ・ユトレヒト）

ビングに一台3Dプリンタを置く程度では収まりきりません。部屋一室を専用のデジタル・ファブリケーション工房とすることが必要になります。まるでかつてのミニコンピュータの時代の部屋のようです。

その一室全体のなかで見れば、家庭用3Dプリンタのポジションは、その大きさや形からしても、その簡便さからしても、「電子レンジ」のようなものに思えてくるのです。最も簡単には、ネットからダウンロードしたデータを出力するだけの利用（電子レンジで冷凍食品を「チン」する感覚ですね）、より高度に使うならば、さまざまな作業工程の「一部分を担う」位置づけになるでしょう。

3Dプリンタと3Dスキャナーを組みあ

わせれば、３Ｄコピー機がつくれることはもう想像に難くないはずです。そのセットが別々の場所にそれぞれあれば、「まえがき」にも述べたような、３Ｄデータをまるごと別の場所に送る「３ＤのＦＡＸ」が完成します。

デジタル化とフィジカル化の双方向を実現

こうした工房が整えば、コンピュータの画面の向こう側の「デジタルな世界」と、コンピュータの画面のこちら側の「フィジカルな世界」という、これまで完全に分断されてきた二つの世界をつなぎ、相互に行ったり来たりする実験を始めることができます。

先ほども述べたように、製造業の工場の世界では、これは特段新しいことではないのかもしれません。機械をより正確にコンピュータで制御することはこれまでも長く行われてきたからです。

しかし、情報通信技術（ＩＣＴ：Information and Communication Technology）の視点から見れば、これは新たな次元を加える、大きな一歩であるように思うのです。なぜかといえば、これまで「**デジタル化**」一辺倒だった技術開発の流れに、「**フィジカル化**」という逆の流れを混ぜることで、双方向の新たな奥行きや循環、ダイナミズムを生むことができるからです。

たとえばここ数年、出版の世界では「電子書籍」がずいぶんと話題になりました。「デジタル化」という技術の大きな流れを巡って、その是非についてさまざまな議論がなされました。実際私もデジタルブックリーダー Kindle を使っています。

しかし同時に、デジタルデータとして購入した本のコンテンツを、好きな紙に、好きな大きさの、好きなフォントで印刷してきれいに製本する技術、つまり「フィジカル化」のサービスも登場し始め、徐々に人気が出そうな気配も生まれています。

この原稿を書いている私も、ときどき紙にプリントアウトして推敲することを未だに行っています。紙に出してみないと、読んでいて頭に入って来ない場合があるからです。

つまり、これからの技術のポイントは、「デジタル化一辺倒」について是非を議論することではなく、**「デジタル化」と「フィジカル化」の双方向を自由に実現する技術**を開発することではないか、と思うのです。

状況に適合的であること

2次元の印刷の分野では、プリンタとスキャナーがあることで、私たちは文書や資料を、デジタルにも、フィジカルにも、場や状況に合わせて運用しています。

パワーポイントの資料をプロジェクターに映し出すと同時に、紙にも印刷して会議で配布したりすることはオフィスでは日常的な光景でしょう。デジタル一辺倒の推進者は、この「紙の資料配布」を「過去の慣習の名残り」のように否定的に言う場合がありますが、私は必ずしもそうとも思いません。

東日本大震災の時、NOSIGNERの太刀川英輔さんは、被災地で役立つアイデアをインターネットを使って広く世界から集める「OLIVE（www.olive-for.us）」というウェブサイトを立ち上げました。私もそこにアイデアを投稿していたのですが、瞬く間にたくさんの有益なアイデアが書き込まれて、巨大なデータベースができあがっていったことに驚いた記憶があります。パソコンの画面の前にいた世界中の人々は、こうして震災直後に活動に参加する経験を得ました。

しかし、このウェブサイトに集められた情報が、実際に避難所で閲覧されたかといえば、そこにはまた別の工夫が必要とされました。電子機器が使えない場合も多かったでしょうし、心の余裕がない方も多数いらっしゃったと聞きます。

そこで太刀川さんたちは、ウェブに集められた情報を、きちんとレイアウトして紙に印刷し、冊子のかたちにして、それを直接避難所に物理的に配りました。ネットワークの力を使って集められた情報を次にフィジカルに変換して「持ち帰れる形態《デリバラブル》」にまでしたのです。

その後、震災からしばらくたって、「OLIVE」は書籍としても出版されました。このように、場面場面に合わせた「適正」で「適合的」なメディアの形態があります。デジタルメディアだけでは届かない情報を、フィジカルメディアが運べる場合があるのです。この二つは対立的ではなく、補完的なのです。

いま、こうした「デジタル－フィジカル」相互変換が、2次元の印刷だけでなく、3次元の物体にまで拡張されようとしています。

私はこうした物質的な出口のあるICT（情報通信技術）の次の展開を、「ファブ」の「F」を足して、**「F－ICT」**（Fabrication-Information-Communication-Technology：情報・通信・物質化・技術）と呼んで、次世代のインフラとして整備することを提唱しています。そこでデジタル工作機械は、一番人間に近い、入口・出口に相当する「扉」になるのです。

デジタル工作機械を使ったものづくりはよく、**「デジタル・ファブリケーション」**とも呼ばれています。しかしここまで述べてきたように、これを単なる「ものづくり」の一手段とだけ捉えてしまうと、やや射程が狭く、可能性が矮小化されてしまうのではないでしょうか。

デジタル・ファブリケーションとは、**「デジタルデータからさまざまな物質（フィジカル）へ、またさまざまな物質（フィジカル）をデジタルデータへ、自由に相互変換するための技**

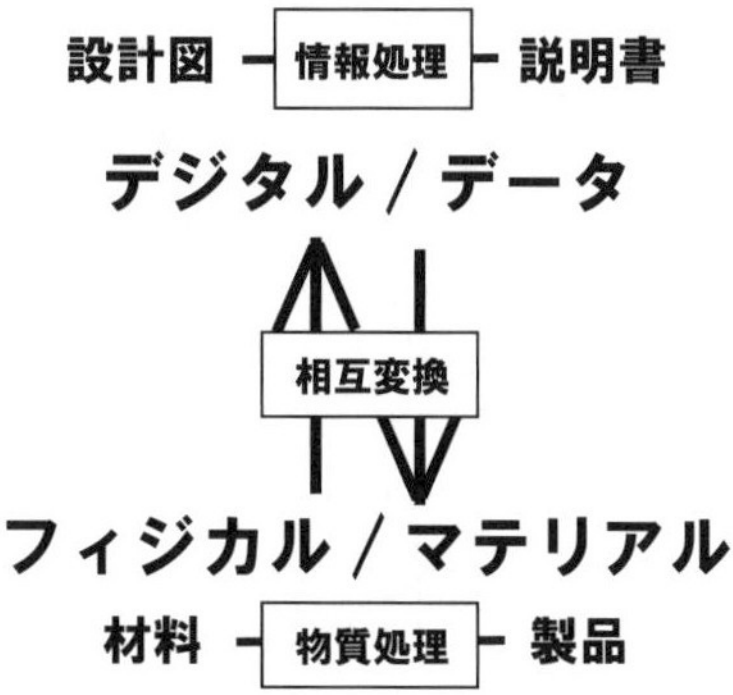

図2-3　デジタル・ファブリケーションは、「デジタルデータからさまざまな物質（フィジカル）へ、またさまざまな物質（フィジカル）をデジタルデータへ、自由に〝相互変換〟するための技術の総称」である

術の総称である」と位置づけておいたほうが、今後の技術開発の方向性が広がっていくのではないかと思うのです。この「デジタル・ファブリケーション」の本質については第6章できちんと論じることにします。

メディアとは何か？

インターネットで「もののデータ」を交換したり、蓄積したり、共同製作したりして、最後にそれを「もの（物質）」としても入出力できるようになると、日常はどう変わっていくでしょうか。

結果としての「もの」ではなく、その過程における「行為の意味」になるべく着目するようにして、より注意深くこれからの生活の変化を考えてみることにしましょう。

ここでまず**「メディア」**という言葉を導入します。デジタル工作機械を、人間の日々の知的創造活動を支援する新しい「メディア」として捉えなおしてみたいのです。

最初に確認しておいた方がよいのが、「メディア」という言葉の定義でしょう。頻繁に聞く言葉ではありますが、「メディア」とはそもそも何でしょうか。

テレビや新聞のような「マスメディア」のことは日常でもよく聞きます。最近では、「パーソナルメディア」「ソーシャルメディア」などといった、情報発信の主体や広がり方の社会的な仕組みにかかわる議論をよく聞くようにもなりました。しかし私は、少し違った切り口でこの言葉を使います。

メディアは、**「情報の記録、伝達、保管などに用いられる物や装置のこと。媒体などと訳されることもある」**とされています。電話もラジオも、レコードも写真もビデオも、情報を伝え、運ぶゆえに「メディア」です。この書籍もメディアです（書かれている中身は「メッセージ」です）。

パーソナル・コンピュータやインターネットは、メディアをつくるためのメディアという意味で、**「メタ・メディア」**と呼ばれていた時代がありました。寄り道になりますが、少しその時代を振り返ってみたいと思います。

計算機から創造の道具へ

いまから30年ほど前、私がまだ小学生の頃、「TK-85」という、表示はまだ7セグLEDが八つ並んだだけの、配線もむきだしのマイコンキットが家にやってきました。まだ専用の保存装置はなく、プログラムを書いたとしても、それを音に変えてカセットテープレコーダーに録音保存する方式でした（そして、よく失敗して、泣きました）。キー部分はまるで電卓のようでしたから、これは「計算機」と呼ばれて妥当な装置だ、と幼な心に思ったものです。非常に簡易なインベーダーゲームをつくったことを除けば、「計算」以外にできることは特になかったからです。

しかしその後すぐにPC-8801mkIIFRという、綺麗なディスプレイと5インチのフロッピーディスクドライブが二つついた8ビットパソコンがやってきて、ドットマトリクス・プリンタも増設されました。このパソコンはもともと、私の父が、巨大な数値データを計算処理にかけて、その結果をプリンタで出力して分析する専門的な「仕事」を、週末に家でも行うために購入したものでした。父にとっては依然「計算機」だったのです。

いっぽう私にとっては、これがはじめての**「メディアとしてのパソコン」**でした。平日に学校から帰ると一目散にパソコンにかじりついたものです。そこでの目的は、絵や音楽やゲームをつくることでした。

コンピュータはもともと、大型計算機からはじまり、それは専門家が「数値計算」をするためにつくられた機械でした。しかし、家庭に普及し、一般に広がっていく中で、ＣＧ（コンピュータグラフィクス）をつくったり、コンピュータミュージックをつくったり、あるいはプログラムを書いてオリジナルのゲーム世界をつくったりすることができる、**創造や表現の道具**に転じていったのです。

そのもの自体は「計算機」ですから、裏では常に、文字や数字による「計算」が作動しています。しかし一方、人の眼に触れる画面の上では、主に画像や音による、華麗な表現がつくり出されるようになっていきました。

私が小学生だった時代は、お絵かきツールや作曲ツールが出回るようになった黎明期で、しばらくして、市販のゲームがフロッピーディスクで売られるようになりました。その頃は、ゲームをつくる側と遊ぶ側が極端に分断されてはおらず、ゲームをつくるための開発環境の多くが一般に公開されていることも、その文化を支えていました。マリオなどで有名な家庭用ゲーム機ファミリーコンピュータ（ファミコン）にさえ、「ファミリー・ベーシック」というプログラミング環境がオプションとして発売されていたことは驚きです。

コンピュータとファブリケータ

数字や文字だけでなく、画像、音、映像などを組み合わせて情報をつくり、伝え、通信、再生する文化は**「マルチメディア」**と呼ばれ、その後しだいにハードウェアにも影響を与えていきました。

かつてバラバラの独立した機器だったワープロ、ビデオデッキ、シンセサイザーは、いまでは一台のPCのなかにソフトウェアとなって入っています。コンピュータはさまざまな機器の機能を呑み込んで汎用化（オール・イン・ワン化）していったのです。そしてパーソナル化したコンピュータ（パソコン）は、折りたたんで鞄のなかに入れられるラップトップ型になり、どこへでも運んで持っていけるようになりました。

デジタル工作機械は、いまこの「コンピュータの変遷」と同じ歴史を辿ろうとしているように見えます。

これまでは工場にしかなく、専門家のための「大型工作機」だった機械が、デジタル文化とつながりながら、専門家以外にも広く普及しはじめています。そのプロセスの中で、一部の専門家のためという枠がはずれて、「人間の知的創造活動を支えるメディア」として、より大きな位置づけへと文脈が再定義されつつあるのです。

今回創造の対象となるメディアは、文字や画像、音、映像で構成される、かつてのよう

図2-4　コンピュータの進化と同じように、ファブリケータの進化が起こることが予想される

な「デジタル（マルチ）メディア」ではなくて、木や紙、アクリル、樹脂、金属といった「物質」に情報を変換して記録したり、伝達したり、保管したり、定着したりできるようになる種のものです。

これをデジタル・メディアと対比的に**「フィジカル・メディア」**と呼ぶことができるでしょう。ファブリケーションは、新しい形式の「フィジカル・メディア」を自分なりにつくることを支援する技術なのです。

記録―再生メディア

情報を運ぶ物質の、新しい形式を自分なりに創作していくこと。それが**「フィジカル・メディア」**の実践です。

ここでまず、身のまわりにある「物質」が、情報をいかに記録し、運んでいるのかを、改めてよく「観察」してみましょう。少し話が抽象的になってきたので、音の分野を題材としてフィジカル・メディアについて具体的に考えてみたいと思います。

「音楽記録媒体」の分野は、書籍よりも先にデジタル化による影響が大きかったことで知られています。歴史をたどれば、蓄音器、ラジオ、レコード、カセットテープ、CD、MDと続き、いまや完全デジタルのmp3ファイルこそが音を運ぶ媒体となっています。スマートフォンから楽曲を直接デジタルデータとしてダウンロードできるため、音を運ぶための物理的な媒体——レコードやカセットやCDのような——は、あまり必要なくなってきています。

物質は消去され、情報だけが流通するようになった現在、これがひとつの到達点なのではないかと考える方も多いはずです。これまでの技術＝メディアは、「デジタル化」一辺倒であり、基本的に「空間」や「時間」を「超える」ことを目指してきたからです。

そこに登場した「ファブリケーション技術」は、**デジタル化とフィジカル化を両方向に**、どちらからどちらへも変換可能にする技術であると、先ほど述べました。そのため、物質から情報へと置き換えることのみに突き進んできた技術を、もう一度、歴史を遡って、考えてみる必要もあります。過去には、情報はどのような物質で運ばれていたのでしょうか。

特にアートの文脈からメディアにアプローチするクリエイターは、可能性を使い果たし、役割を終えてしまったかのようにも思える旧式のテクノロジーを、別の用途、別の文脈で再利用することに、いつも大変敏感です。そうした行為を通じて、「～一辺倒」の画一化の圧力に抗《あらが》って多様性を確保しながら、あらたな現代的な意味（批評）や文化を浮き上がらせようと試みるのです。

音楽記録再生メディアであったレコードは、CDが登場してその初期の役割は一度終わりましたが、「ターンテーブル」という「楽器」として再び位置づけられ、ミュージシャン（DJ）によって演奏に取り入れられたりして、今もなおなくなっていません。mp3ファイルが一般的になった今でも、レコードも同時に存在しているのです。

こうしたレコードやDJ文化の文脈のうえで、デジタル・ファブリケーションを加えた現代的な意味を探求されている方として、岐阜のIAMAS（情報科学芸術大学院大学）の城一裕さんがいらっしゃいます。

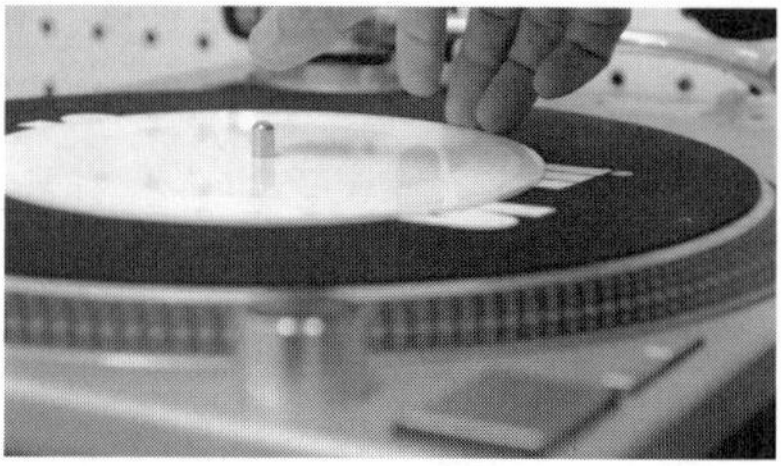

図2-5　城一裕さんがペーパーカッターやレーザーカッターで作成されている自作レコード
（http://vimeo.com/user638795より）

城さんは、デジタル工作機のひとつである「レーザーカッター」を使って、コンピュータ上のデジタル音楽データを変換し、紙やアクリルに溝を刻印したオリジナルの「レコード盤」それ自体を自作して演奏しています。「レコード盤そのものを、家庭で自分でつくれるようになった」ところに新しい視点があるのだと思いますが、城さんはこれを「車輪の再発明」と呼んで、音楽史・技術史の上で考察しています。

フィジカル・メディアをつくるとは？

レコードを例に挙げたことで分かりやすくなったと思いますが、そもそも「情報」は、なんらかの「物質」がなければ存在することができないものです。

いま皆さんが読まれているこの本の文字情報は、紙という物質の上にインクで定着されて運ばれていますが、もともとは私のパソコンの上で書き出されたもので、書いているいまこの瞬間には、ディスプレイの上に表示されていると同時に、メモリ上にも書き込まれています。それが編集者にメールで送られ、講談社のオフィスのプリンタで印刷されて赤ペンの校正が入り、何度かやりとりがあったうえで、最終的に印刷所に送られる、というように、さまざまな「物質」の上を渡り歩いていった来歴を持つ「情報」なのです。

いま私は、最終的に「書籍（メディア）」という物質の上に定着される予定の「情報（メッセージ）」を一生懸命紡ぎ出しています。しかし、フィジカル・メディアをつくるということは、「情報（メッセージ）」ではなくて、それを運ぶための「物質（メディア）」のほうの新しい形式を発見する、ということです。たとえば、どういうことでしょうか。

２０１３年、私の研究室に所属する中村優介さんたちがつくった、波形の不思議なアクセサリー「WaveForm Media」がその好例です。

シアクセサリーは、私たちの「声」を録音して、データをパソコンの画面上に表示し波形グラフ」を、そのまま物質化してつくられたものです。そして、このアクセサリーを再びカメラで写真に撮って、波形のグラフ画像に戻せば、もともと録音してあった「声」を再生して、音として聞きなおすこともできます。つまり、書き込む（記録する）ことも、読み込む（再生する）こともできる新しい音声記録媒体です。

音質は昔のラジオくらいしか出すことができていませんが、従来のメディアと違うのは、これが、アクセサリーやピアスといった、身に纏《まと》うアイテムとしての形態をとっていることです。大切な家族の生前の声や、応援のメッセージ、何年か前の自分が未来の自分に向けて送った記念のメッセージなどを、アクセサリーのかたちに封印して日々身に纏い、時に再生して聞くことができます。

レコードも、カセットテープも、CDも、MDも、音を運ぶ媒体ではありましたが、それ自体を「纏う」ということはこれまで考えられてきませんでした。音を運ぶ媒体、という単独の役割しか与えられてこなかったからです。

しかし「WaveForm Media」は、音を運ぶ媒体でありながら、同時に、身に纏うアクセサリーでもあります。複数の機能を融合させて、そのことで従来のカテゴリが創造的に破壊されています。結果として、新しいジャンルを開いて見せているのです。フィジカル・

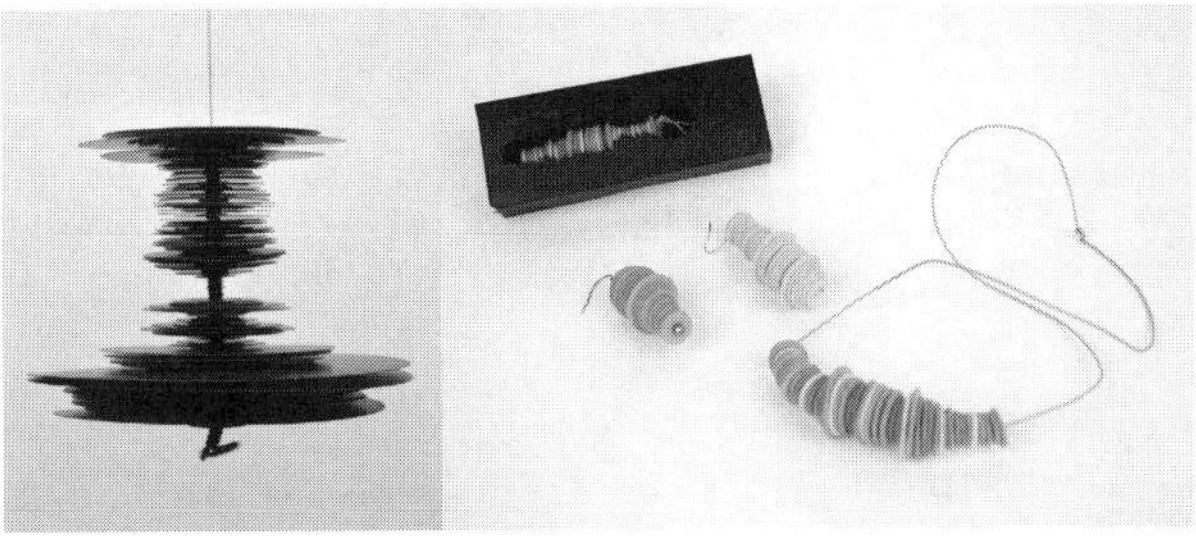

図2-6 “WaveForm Media” 中村優介さん、冨中裕介さん、清水茂樹さんらによる「纏うことのできる音声記録媒体」（慶應義塾大学田中浩也研究室、制作方法はhttp://cfg.sfc.keio.ac.jp/?p=395に公開している）

メディア創作の可能性は、たとえばこういうものではないでしょうか。

「冗長性」という価値

「WaveForm Media」は、「トータル・リコール―記録（記憶）の進化」をテーマとした、世界的なメディアアートの祭典「アルスエレクトロニカ２０１３」での展示作品のひとつに選ばれて、オーストリアのリンツでデモンストレーションされました。

この作品を説明するある会で、私は、音とはすなわち波形であるから、mp3などの特殊な「デジタル圧縮フォーマット」よりも、生のままの波のかたちを物質として残すほうが、何千年、何万年と残り続ける悠久の保存方式かもしれないのではないか、という問いを投げかけてみました。

賛成も疑問もいくつか寄せられましたが、この問いに明確な答えはありませんし、ひとつの答えを期待するものでもありません。ただ、「より速く」「より遠くへ」と、無駄なく空間や時間を超えるために、情報をデジタル圧縮してきたこととは逆に、「より多様に」「いろいろな方法で」情報を運ぶための「物質」の形式を再考することは、フィジカル・メディアの一番面白い部分だと思っています。メディアこそがメッセージ、そして「表現」なのですから。

その価値は「冗長性」という言葉で説明できるかもしれません。**冗長性とは、必要最低限のものだけではなく、余分や重複、そしてバリエーションがある状態のことです。**そのほうが危機やリスクに対して全体として丈夫になる可能性が高いからです。

パソコンのハードディスクに記録されているデジタルデータを、木に刻まれた3次元情報へと変換してみる。サーバに蓄積されているデータを、触感を持った布の刺繡へと移しかえてみる。手で触れられたり、身に纏うことができたり、あるいは人から人に渡したり、庭に飾ったりすることのできる物質（アイテム）へと、情報の脱着と定着とを繰り返してみることが、新しいフィジカル・メディアによる伝達の実践なのです。

これは、空間や時間を「超える」のではなくて、むしろ自分たちが実感を持って経験する、等身大の空間や時間のなかへと情報を再び書き込みなおす行為です。そこに、物理的にこしらえたり、あつらえたりする創作行為が生まれるのです。各々が一番思いを持ちやす形式を探していくのです。

レコードや「WaveForm Media」はまだ、ひとつの素材を使った単一のものに留まっている段階です。繰り返しになりますが、かつて文書・画像・映像・音楽などさまざまな表現形式を複合的に組み合わせて表現をすることを、「**マルチメディア**」と呼んでいました。それと揃えるならば、レーザーカッター、ペーパーカッター、3Dプリンタ、デジタル刺繍ミシン、といった複数の機械の加工法を組み合わせて、樹脂・木・金属・紙・電子部品などの複数の異なる素材を組み合わせながら、自分なりに編集を加え、情報を宿した「ものの」を総合的につくっていくことは、「**マルチファブ**」とも呼びうるでしょう。

キッチンのような工房でそれを行えば、まるで料理の経験にも近い、自己充足的（コンサマトリー）な経験になるはずです。

既存の何か、ではないものを

デジタル工作機械を、「フィジカル・メディア」を生み出すための創造のツール、と捉える視点はまだまだ新しいものだと思われます。「工作機械」という言葉の作用によって、最終的には工場で量産される製品や試作品をつくるための装置、という長く続いた認識に、どうしても引きずられてしまいがちだからです。本書ではじめて「メディアとしての」その捉え方、その視点を得られる方も多いのではないかと思うのです。

「プロダクト（製品や試作品）」ではなく、「情報を物質に刻印したフィジカル・メディア」の意味を他の人に伝えづらいのは、完成物を既存の何かの「名前」や、カテゴリでうまく呼び表すことができないからでもあります。

たとえば、「WaveForm Media」は既存の何かではありません。作品タイトルをつけることでしか、この創作物を言葉で呼び表すことはできません。しかし可能性の中心はここにこそあるのです。「銃」のような、すべての人が名前を知っている既知のものではなくて、むしろ、**従来のカテゴリではうまく呼び表せない、まだ名前のない（だから、他人に伝えるときには、自ら名前をつけなければいけない）ものを生み出していくことこそが、技術が個人のものになることの、本当の意義**だからです。

私は「3Dプリンタで何がつくれるのですか」という質問をよく受けるのですが、そのたびに「ワープロで何が書けるのですか」や「ピアノで何が弾けるのですか」という質問と同じような奇妙さを感じてしまいます。

3Dプリンタをはじめとするデジタル工作機械は、既存の何かを効率化したり、つくりだしたりするツールというよりも、むしろ試行錯誤や、道具との対話のなかで自分なりに新しいものを生みだしていくための、**創造や発想を刺激する「発明」ツール**だと常々考えてきたからです。

3Dプリンタは、私たちに「何をつくりたいのか」を問いかけているのです。

まず3次元の「写真」を撮ってみる

製品や試作品をつくることではない、3Dプリンタの可能性に慣れていくために、私は**「3Dメディア的アプローチ」**と呼ぶ手法とその「レッスン」について考えてきました。

メディア的アプローチの重要な点は、「編集行為」にあると思っています。全くの「無」から創作をするということにこだわりすぎてしまうあまりに、結果として生じてしまう「こわばり」をほぐし、既存の情報を「変換」したり、「編集」したりしながら、ものの伝え方こそを考えていくことに注目するのです。この「レッスン」を二つ紹介しましょう。

レッスンのひとつは、3Dスキャナーでさまざまな自然物をスキャンしてみる実践です。

私の研究室では、Roland DG社のMDX-20という、切削用ミリングマシンとしても、3Dスキャナーとしても使える優秀な機械を用いて、さまざまな「野菜」や「果物」の表面の凹凸、すなわち3次元テクスチャをデータベース化する試みを行ってきました。対象となる自然のものは、スーパーマーケットで買ったり、山や海で拾ってきたりもしました。

スキャンが無事に終わると、素材性が剝ぎ取られて、3次元のデータだけとなった形状がコンピュータのディスプレイに現れます。色や素材がなくなって純粋に白黒だけになった「かたち」を改めて眺めてみると、その繊細さに見入ってしまうのです。これはつまり、3次元の「写真」を撮影しているようなものです。

そして、その形状を3Dプリンタで出力して他の身の回りにあるものと並べてみると、またいろいろなことが分かってきます。

私たちが日常よく使う工業製品は、基本的に「滑らかな」表面をしています。その理由のひとつは金型が、そういう作られ方をしているからです。一方で、自然物をスキャンしたデータをそのまま樹脂で3次元プリントしてみると、表面にでこぼこがあったり、つぶつぶがあったり、しわがあったり、トゲがあったり、さまざまな触覚性をもった、不均質な複雑な面がそのまま物体化されてきます。そうした凹凸に触れているだけで、手が愉しくなってきたりもするのです。

このような方法で、お皿や箱、ケースなどをつくってみることも、3Dプリンタのひとつの活かし方ではないかと思います。

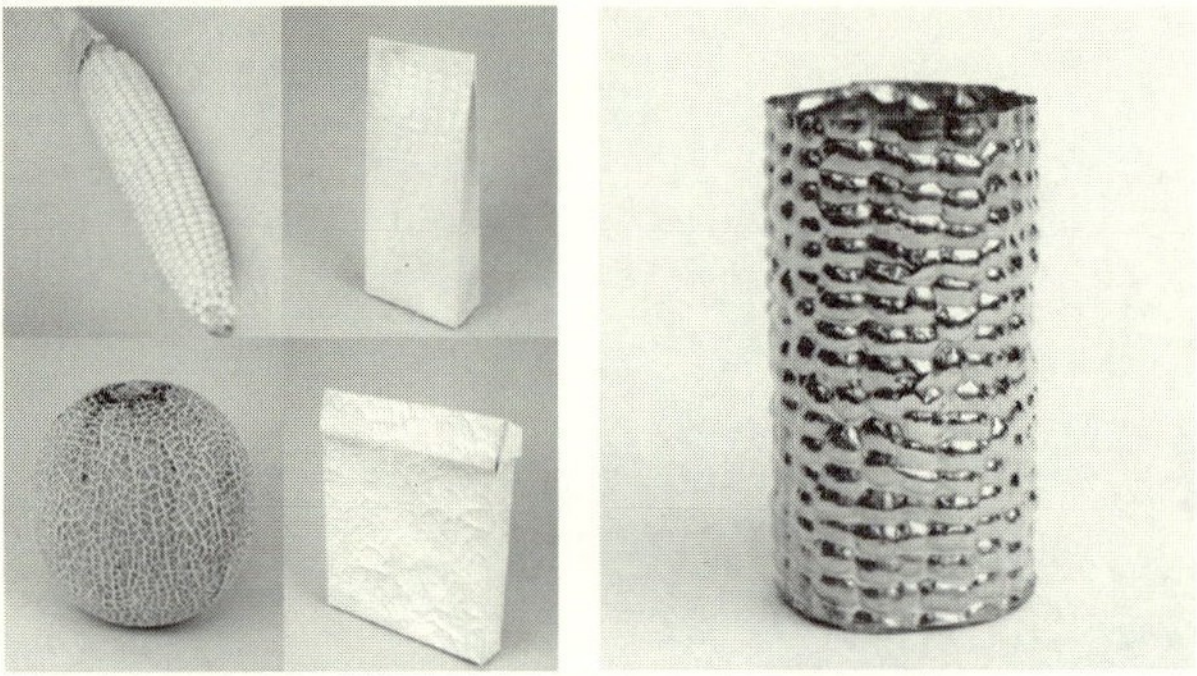

図2-7-a　自然物を３Ｄスキャンし、そのデータを応用したパッケージデザイン。冨中裕介さんによる（慶應義塾大学田中浩也研究室）

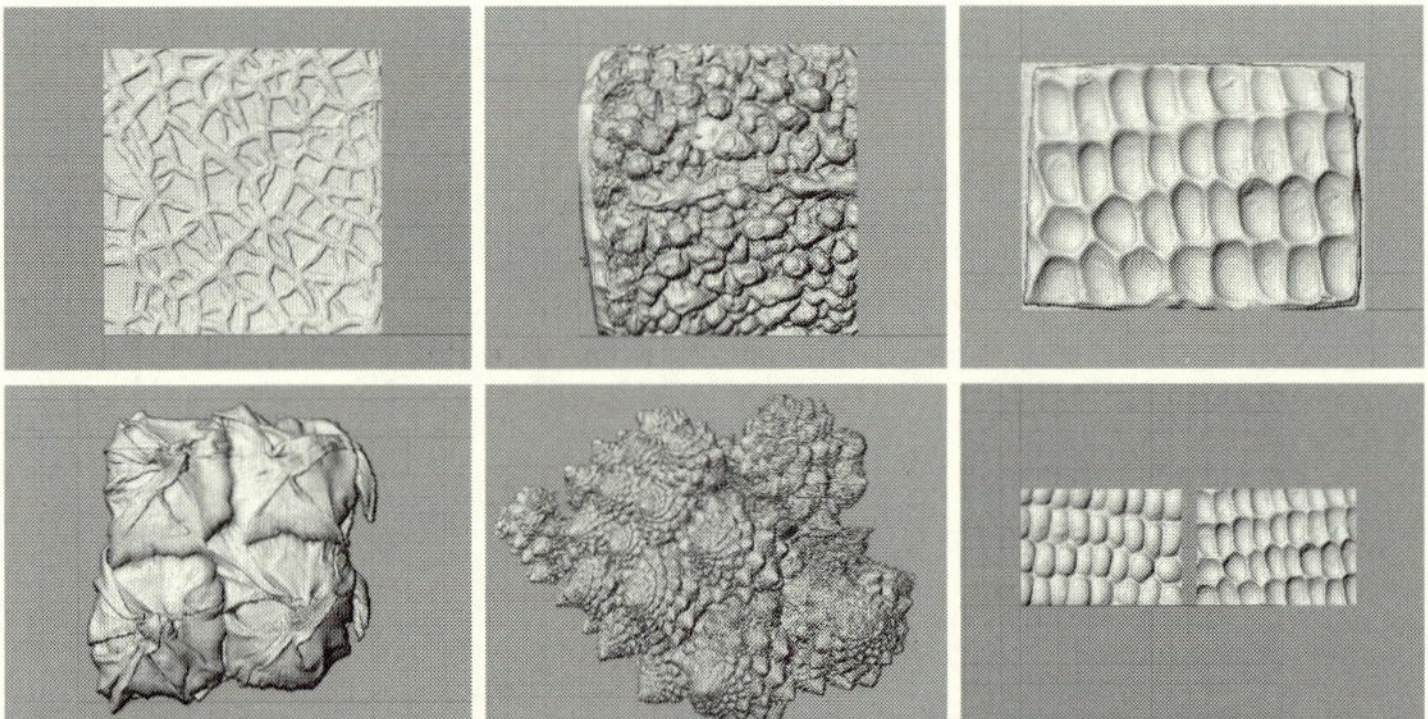

図2-7-b　自然物を３Ｄスキャンした凹凸テクスチャデータ（http://www.thingiverse.com/ondaislash/designsに公開している）。右下は渡辺ゆうかさんによる３Ｄ縮小コピー

図2-8　エルサレムの「嘆きの壁」の表面凹凸を3Dスキャナーでデータ化し、そのデータを木に彫り込んでつくられた机。できあがった机を、もとの「嘆きの壁」の前に掲げてみせている、イェンス・ディヴィックとオハド・メユハスの2人

すでにある情報を変換する

私の友人で旅人でもあるイェンス・ディヴィックは、いつもハンディタイプの3Dスキャナーを携帯しています。彼は一緒にイスラエルを旅行していたとき、突然、実験的な試みを始めました。

まず、エルサレム市内にあるユダヤ人の聖地「嘆きの壁」の表面を、手元にあったハンディタイプの3Dスキャナーを使ってその場でデータ化しました。そしてその凹凸をそのままCNCミリングマシンで木に彫り込んで、でこぼこな触感のある「テーブル」をつくりあげたのです。「嘆きのテーブル」の完成です。旅の記録を、写真ではなくて「木の家具」にして持ち帰ったわけです。

また、左上の写真は、そのイェンスが日本

図2-9　ラシュモア像のように撮った３次元の記念写真（廣瀬悠一撮影）

に来た際に、友人四人で撮った３Ｄ写真を、出力してみたものです。同じデータから、樹脂を使った「足し算方式」と、木を使った「引き算方式」の二つの方式で比較してみました。冗談半分で、米国ラシュモア山の四人の大統領のようにしてみたのですが、すぐにばれてしまったでしょうか？

こんなふうに、３Ｄスキャンと３Ｄプリントの関係は、写真の「撮影と現像」のようになってしまうのです。

ちょっとした思いつきで、ネットからダウンロードした、富士山の３Ｄ地形データを逆さまに３Ｄ出力して「お椀」にしたり、惑星や衛星のデータを小物置きにしたりするといった遊びも私の周りではよく行われています。自然物や、遺跡や、地形データや、スキャンした人物データ、ペットのデータなど、「実世界の情報」を３Ｄプリントでコピーする手法は、最近サービスとしても扱われるようになってきました。

このような実践が、無から情報をつくるのではなく、既にある情報を変換することに重きをおいた、**3Dプリンタの「メディア的アプローチ」**の一番目と私が呼んでいるものです。

情報の「見える化」から「触れる化」へ

もうひとつ進めている別のレッスンが、**「情報の触れる化」**（Information Materialization）というものです。こちらの方は、もともとの情報源を「かたちのデータ」から始めるのではなく、ネット上にある「数値のデータ」から始めるものです。

いま、3Dプリンタと同じくらいメディアで取り上げられているキーワードに、「ビッグデータ」や「オープンデータ」があります。インターネット上をますます膨大な数値データが流通するようになっているわけですが、数字だけでは何のことか、その意味が普通の人にはよく分かりません。そこで抽象的な数値の塊を、分かりやすく視覚化し、整理し、グラフィクスとして表現する「ビジュアライゼーション（見える化）」の重要性がさまざまな場所で指摘されています。

日本の経済産業省も関与する「ツタグラ（伝わるインフォグラフィクス）http://www.tsutagra.

go.jp/」はそれを推進するプロジェクトのひとつです。エクセルやパワーポイントでよく見るような、分析用の表や棒グラフではなくて、グラフィック・デザイナーが、その情報の「意味」を伝えるための美しいポスターを、統計データをもとにゼロからつくりだしています。膨大な情報にきちんと構造と像を与えて、「意味」を伝えられるようにすることが、デザイナーが活躍する、情報化時代の新しい領域として期待されています。

「情報の触れる化」ワークショップは、この「ツタグラ」の講評会に出席しているときに思いついたものです。「情報の見える化」の試みはとても素晴らしいのですが、それをもう一歩進めて、物質として「触れる」ように数値データを変換したらどうなるかを実験してみようと考えました。これは**可視化ならぬ可触化**と呼べるでしょう。

機会があって、私はこの試みを「地域活性化」の文脈も重ね合わせて、台湾・大分・横浜と過去三度実験することができました。具体的には、次のような内容で進めています。

まず、ネット上に公開されている、自分の住んでいる地域や街のデータの中から興味関心を持てるもの（人口統計、空き家の数、病院の数、捨てられている犬の数など、どのようなものでもよい）を探し出してきます。これが「オープンデータ」です。

そして、その数値情報を3Dモデリングソフトを使って何らかの「かたち（のデータ）」に置き換えます。最後にそのデータを各種のデジタル工作機械で「物質化」してみるのです。

物質化することで、その情報は、見るだけでなく、触ることができるようになります。実感をもってリアルに感じられる具体的な形式に落とし込まれるのです。最終発表は、「展示物」のように空間に配置して行います。

通常、画面の上での「ビジュアライゼーション」では、その場にいる人々が同じ方向のスクリーンを見つめる会議室のような配置になってしまいますが、立体物として「マテリアライズ（物質化）」されたものであれば、テーブルの上に置いて、３６０度すべての方向から取り囲んで、議論する「場」を生み出すことができます。そして実際に手に取って、触りながら、そのデータの意味について考えたり、吟味したり、議論、批評したりすることができるようになります。

大学の建築学科では、建築物の「模型」をつくり、それを囲んで、さまざまな視点から確認・吟味する人の輪が生まれるという光景をよく目にします。また、都市開発や環境系の会議などでも、地球儀や地図をテーブルに広げて議論を交わすことがよくあります。それと同じように「ものの周りを囲んで、議論を始める」ためのきっかけに、フィジカル・メディアはなりえているのです。場を活性化する触媒としての機能を持ちうるのです。

このワークショップではさらに、単に「データを触れる化」することを超えて、何らか

図2-10 「情報の触れる化ワークショップ」プレゼンテーションの様子。横浜の観光データを触れる化し、人気スポットの来場者数をグラフ化し、そのグラフの長さを直径とした円をレーザーカッターで切り出しつみあげ立体のグラフを作成している。該当エリアと紐づけされ、地図上の紐をひっぱることで長さとして来場者数を『体験』することができる。制作メンバー：西原由美、駒野美智、千葉恭弘、桑山正彦。監修：渡辺ゆうか

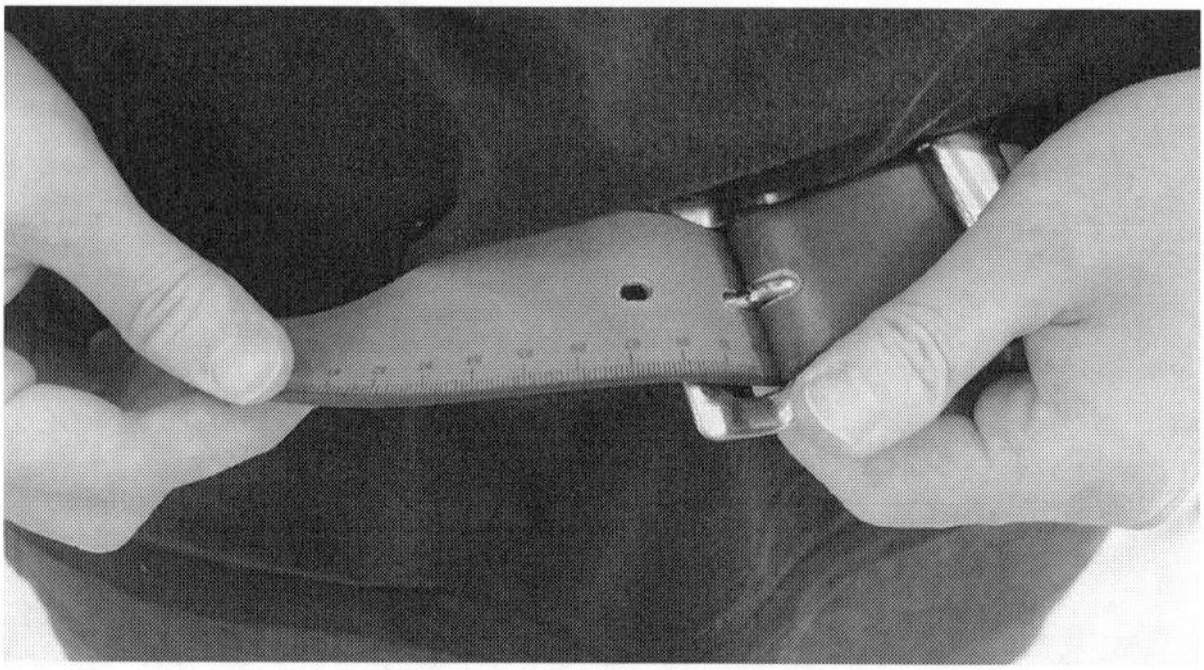

図2-11　自分のベルトの裏面に、寸法目盛りをレーザーカッターで焼き付けてみた。これで、いつでもお腹まわりを測ることができる。しかし、これは「ベルト」だろうか、「定規」だろうか？　複数の機能が重層されると、もはや、「もの」の「名前」を再考せざるを得なくなる。そして百貨店のカテゴリ分けも破壊してしまうだろう。これは衣料品コーナーにあるべきだろうか、文房具コーナーにあるべきだろうか？

の日用品にまで落とし込もうというデザイン専攻の人々も現れました。音楽データをアクセサリーとして身に纏えるようにした、先の「WaveForm Media」と同じように、データをもとに日用品をつくって、毎日の生活の中で触れられるものに、定着させておくのです。

そこまでいくと、フィジカル・メディアとプロダクトの境界はぼやけて、融合し、より新しいジャンルの何かに向かっていくように見えます。

自分の情報を運ぶパーソナルなメディア

「フィジカル・メディア」という視点から考察することによって、従来の「試作」を目的とした「ものづくり」とはずいぶんと違った文脈で、デジタル工作機械の可能性を捉えることができたのではないでしょうか。

私は「メディア」としての意味をよく考えてみることで、デジタル工作機械が導入された施設の多くで、一番最初につくられる創作物に、ある傾向が生まれることの理由がよく分かるようになりました。デジタル工作機械を手にしてまずつくられるのは、たいていはバッジやグッズ、サインや看板、ポスター、名刺、フィギュアなどです。それらこそが、広い意味で、情報を物質に定着して運び、コミュニケーションを媒介する、昔からあった「フィジカル・メディア」なのです。

アクセサリーやファッションもその系列といえます。Tシャツもコスプレも大人気です。服とはつまり、自分自身をつくりあげると同時に、他者に対して自らの見せ方を決める、情報を運ぶメディアです。自分の情報を他人に伝えたり、自己と社会との接触面をつくりあげるものはすべてこの範疇に含まれています。

ファブリケーションという新たな手段を手に入れたことで、自分自身がデザイナーとなって、自分の情報を運ぶパーソナルなメディアをつくろうとする気運が高まってきています。そしてこの文化は、ギフト（贈り物）まで自然とつながっていきます。ギフトもまた、人と人とのコミュニケーションを取り持つもの、媒介するものだからです。

いま、バレンタインデーやホワイトデーに、３Ｄプリンタを使ったチョコレートやグミ

図2-12　レーザーカッターでメッセージを焼き付けた食パン。FabLab Japan Network巾嶋良幸さんによる

がつくられるようになってきていますし、レーザーカッターで食パンにメッセージを入れる、新たな料理に取り組んでいる人もいます。**あらゆる物理的なものが、一種のメディア性**（メディアとしての機能）**を纏うようになってきている**のです。

知識をつくる場所

「メディア」について考察する本章では、私が現在勤務している慶應大学ＳＦＣの中にある、「メディアセンター」の取り組みを紹介しないわけにはいきません。

メディアセンターは、従来であれば「図書館」と呼ばれる施設です。ただその一階部分は書架の代わりに、パソコンや、通常のプリンタとスキャナー、映像の編集ブース、音楽の作曲ブースなどが設置されており、学生が数名で集まってグループワークも行えるようになっています。「知識を得る」というよりもむしろ**「知識をつくる場所」**として、学生に広く利用されています。

２０１３年４月、このメディアセンターに四台の小型３Ｄプリンタが設置されました。

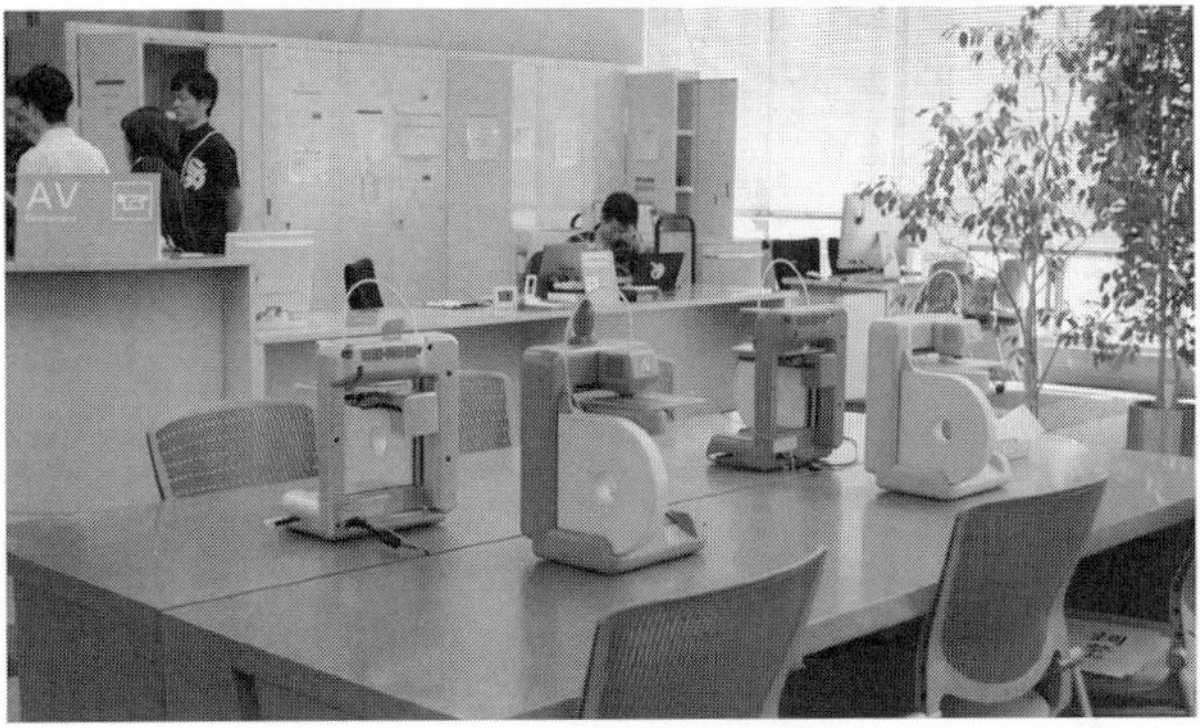

図2-13　慶應大学SFCメディアセンター内に設置された3Dプリンタ

ここでの大きな目的は、工学やデザインに携わる学生以外にも3Dプリンタを開放していくことでした。慶應大学SFCには、必ずしも理系的ではない学生も多数所属しています。そうした学生がこの機械をどのように創造的に活用するかを、実験を通じて見つけてみたいと考えていました。いま設置から1年が過ぎ、おぼろげながらその傾向が見えてきたところです。

同じSFCの青山敦先生の研究室の学生は、病院で撮ってきた人間の「脳」の3次元CTスキャンモデルを出力していました。3Dプリントされた物体に手で触れられることで、画面の上で「見て」確認するだけよりも、脳のしわの深さや量を圧倒的にリアルに感じられるようになったと、学生のひとりが嬉しそうに話してくれました。物質化することで、経験できる情報量が増えたのです。

他にも、メディアセンターという場所性との相乗効果で、3Dプリンタで授業の教材をつくったり、プレゼンテーションの「小道具」をつくったり、研究発表会の展示物を製作する例が多数見られるようになりました。ここでの利用目的の多くも、文字や画面、書面だけでは伝えにくい、触感や物質の性質を活かした「フィジカルなメディアづくり」だったのです。

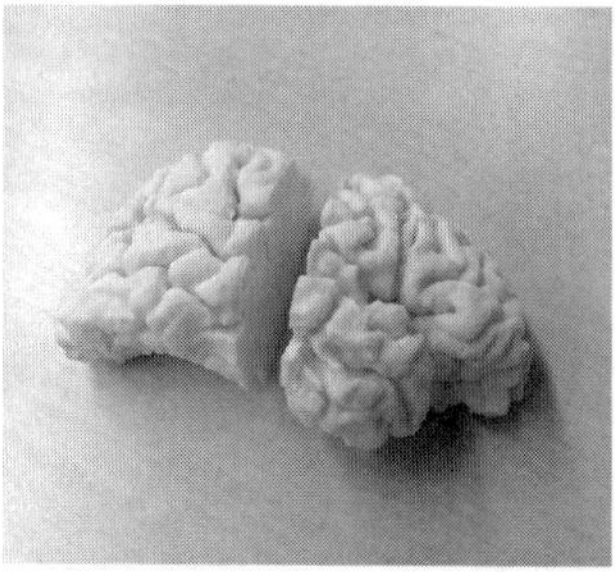

図2-14　3Dプリンタでつくられた脳のモデル（慶應義塾大学青山敦研究室）

アイデアをかたちにする意味

メディアセンターでは授業の宿題を行っている学生も多数います。「宿題」つながりなのかどうかはわかりませんが、ある日、ひとりの学生が、小学生の「宿題」を支援するグッズを3Dプリンタでつくったといって持ってきました。それは、三本の鉛筆をひとつの握り手に差し込むことで「一回で同じ字を三回書くことができる」というものでした。昔の書きとりの宿題のことを思い出しながらつくったそうです。

こうしたグッズが倫理的・社会的に良いかどうかは、賛否両論があるでしょうが、私はこうした種類の「もの」にも新鮮さを感じました。実際に使うことができる「もの」でありながら、機能優先の工業製品とは違って、おかしみや楽しみ、ユーモアが多く含まれているように感じられたからです。玩具性と実用性が奇妙に共存しているようで、滑稽ながら無視できないのです。

アイデアを新鮮なうちにカタチに定着できる技術に、ユニークな発想力が加わってはじめて、従来の言葉で区切ってきたカテゴリではなかなか捉えにくい、新しいタイプの「もの」が生まれてきます。現在の３Ｄプリンタのサイズは、玩具や文房具レベルの小物でこうした実験を行うには十分なのです。

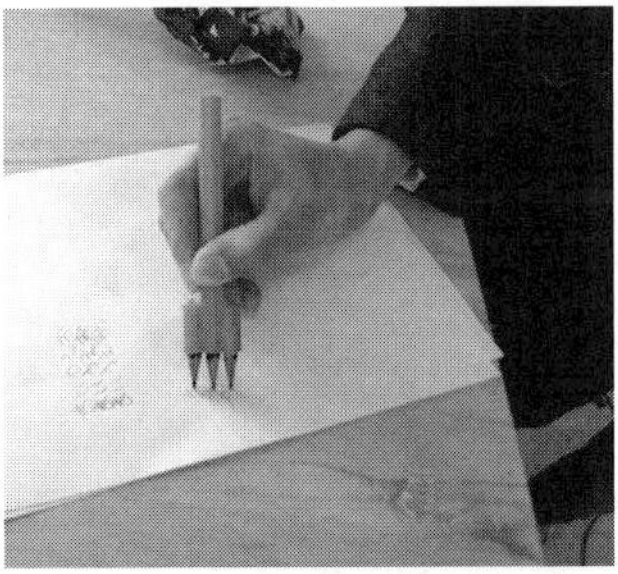

図2-15　渡辺仁史さんによって制作された「三又鉛筆」（慶應義塾大学田中浩也研究室）。世界各国からも使用レポートが続々と届いている

このグッズは「三又鉛筆」と名付けられました。これが単なる、笑いを誘うだけの遊びや趣味に留まるものかといえば、必ずしもそうとも言い切れません。これを見たある作曲家は、同じ仕組みで鉛筆が「五つ」取りつけられるようになれば、無地の紙に五線譜を描くことのできる、音楽家愛用の文房具になるはずだと言って、その具体的な検討を始めています。また、小説家の平野啓

一郎さんは、ギターのサムピックをヒントに、指にペンを取り付けて、電車の中でもいつでもすぐにメモが取れるようなアイテムを発案し、この学生とのコラボレーションで製作を始めています。

また、遠く別の国でこのデータを出力し、使用してみている様子の写真も続々と集まってきています。アイデアがかたちに落とし込まれることで、伝播を始め、周りの人の共感を生み出したり、新たな発想の刺激になったりしながら、人と人とのコミュニケーションが紡がれ、プロジェクトが広がっていくのです。

ちなみに、このメディアセンターの3Dプリンタは、学生自身によって運営管理されていることも特徴的です。ここに設置された3Dプリンタも、実は私がはじめに買った「Fab@Home」と同じように、1年のあいだに何度も壊れました。プリンタの紙詰まり以上に、3Dプリンタの樹脂詰まりはよく起こりますし、その対処も毎回本当に大変です。

しかし学生たちはその都度、いろいろと調べながら、時には中身を分解して修理やメンテナンスを行い、きちんと自力で直せるくらいにまで自然に成長しています。さらに3Dスキャナー、ペーパーカッター、デジタル刺繡ミシンといったファッションや手芸系の機材が加わることで、今では「ファブスペース」と呼ばれる場所にまでなり、メディアセンターの一角でひときわ賑やかさを放っています。

私が大学に入った当時、ワープロやシンセサイザーやビデオデッキに囲まれて音楽をつくっていたサークル室がありましたが、このファブスペースへ来ると、その熱気をよく思い出します。そして、このスペース自体を便利にするための工夫が、ここにある3Dプリンタ自身で生みだされています。機械が空間そのものを改善しはじめてもいるのです。

もののリテラシー

「メディアセンター」が、従来のように「知識を得る」というよりもむしろ「知識をつくる場所」であることは先に述べたとおりです。しかしここに、フィジカルなメディアが加わったことによって、知識とは一体なんなのか、私はさらに深く考えなおさせられることになりました。

いま一般的に、「読み書き」といえば、通常は「文字の読み書き」のことを指します。文字を読んだり、書いたりできることで、私たちは日々のコミュニケーションを紡いでいます。しかし3Dプリンタやデジタル工作機械は、「文字の読み書き」ではなく、私たちの「ものの読み書き」を再定義してくれる契機にもなっています。

「ものの読み書き」とはつまり、身のまわりに既に存在している、さまざまな人工物——特に工業製品の、仕組みを知り、機能を知り、素材を知り、加工法を知り、自分でも少しつくったり、直したり、改造したりすることを、日常のなかでゆっくりと身につけていくことです。これが、通常の「言葉」だけのコミュニケーションを補完しますし、非言語の「もの」を介することは、国際的なコミュニケーションの一助にもなります。

「図書館」は、「文字の読み書き」をすべての人のためのリテラシーとして育むという歴史を背負っています。そのリテラシーを共有していることこそが、市民社会の基礎だったからです。そしてそれはひとまず達成され、インターネットの登場により、高度情報化社会がやってきたのが現代です。私たちは大量の文字情報を浴びて毎日を過ごしています。

そこで再び、まだ自由とは言えない、見過ごされてきた「もののリテラシー」へともう一度目を向けるのがフィジカル・メディアの考え方で大事な部分なのかもしれません。

そうだとすれば、大切にしなければならないのは、3Dプリンタでものをつくるより前に、「ものを読む」ことであることに気づきます。そうした認識から、私たちは次のような試みを始めました。

自宅にある、もう使わなくなった工業製品を持ち寄って、ひとつずつ、ドライバーでネジをはずしながら、部品に分解していくのです。そしてバラバラになった部品を一枚ずつ写真にとって、「組立と分解の冊子」に編集します。つまり、「もの」を観察して「本」をつくるのです。その本は、表から順方向にページをめくっていけば、ものが分解されていくプロセスとなり、裏から逆方向に読めば、ものが組み立てられていくプロセスになります。表からも裏からもどちらからでも読める、可逆的な本になるはずです。

私はこの課題を、大学一年生の最初の課題として毎年必ず出すことにしています。これを一回行うだけで、日常のものの見え方が変わってくるから不思議なのです。身のまわりの物質世界に疑問を持つようになるのです。あの箇所はどういうふうにできているんだろう、あそこはなんという素材なのだろう。そんな問いが生まれるだけで、ものに囲まれた生活が不思議に感じられるようになってくるのです。

普段、看板や広告を見ている限りは「文字（言葉）」情報としてしか摂取していなかった脳が変わり、むしろ素材や質感といった世界の別の切り口が、前面にせり出してくるのです。「あの看板は、どうやってつくられているのだろう？」と。

カテゴリーエラーの可能性

２０１３年、パシフィコ横浜で開催された「図書館総合展」で、私たちはこの「ものを読む」ワークショップを展示するチャンスに恵まれました。その会場で工業製品を分解していたところ、ある人から「これは図書館というよりは、博物館で行うものですね」とコメントをいただきました。

なるほど、そうかもしれない、と一瞬は思いました。これまでは、文字や書籍は図書館、土器や石器は博物館と分担していたのですから。

しかし、いやいやちょっと待てよ、とすぐに自分の中でその安易な納得を打ち消しました。「言葉」で記述された知識と、「もののかたち」の知識、その二つが完全に分断されてしまっていた社会もまた「過去」のものではないでしょうか。

私たちが手に持つ「本」だって物質ですし、いまこの原稿を書いているＰＣだって物体です。私たちは「もの」に囲まれて暮らしています。そのことを「文字」と同じくらい大切にしよう、というメッセージを発したいのです。だから、むしろ図書館で「ものを読む」ワークショップをやることにこそ意義があると思いなおしたのです。

本を読んでいるすぐ隣で、同じように、私たちは、ものを読みながら、新しい本をつくるのです。そしてまた、本からものを、キテレツにつくりだすのです。情報と物質を相互につなぎ、翻訳していくのです。

言葉の知識とものの知識が対等に扱われるようになるのが、この「ファブスペース」の未来形です。そうなったとき、この場所は新しい公共施設のモデルになるかもしれません。

３Ｄプリンタは、プリンタ（印刷）という意味では「図書館」とつながっていますが、

3D（立体物）という意味では、土器や石器の並ぶ「博物館」とつながっています。この二つにまたがって存在していることで、カテゴリーエラーを起こしているのです。

しかし私はこの不思議なエラーにこそ可能性を見ます。従来の線引きを疑い、領域が攪乱されているのはある意味でチャンスです。3Dプリンタを媒介として、これまで分かれていた二つの施設が再び融合しはじめるのかもしれません。図書館と博物館を引き合わせる媒体。文字とものを出会わせる媒体。この意味においても、やはり3Dプリンタは「メディア」として有用なのです。

第3章　パソコンとＦＡＢ――「つかう」から「つくる」へ

ファブラボの起源

前章では「ファブスペース」の最近の状況を紹介しましたが、ここで再び第1章の「Fab@Home」と「RepRap」まで時計の針を戻したいと思います。

インターネットと、デジタル工作機械と、世界中に分散する人々の国際的な連携、この三つの要素から新しい時代の創造性が生まれはじめていることを実感した2008年。Fab@Homeをただ持っているだけでは意味がないと気づいたので、私は「国際的な連携」を進める「FabLab（ファブラボ）」という活動に参加することにしました。

「ファブラボ」とは、各種デジタル工作機械を揃えた実験的な市民工房の「国際的なネットワーク」で、2014年現在、世界50ヵ国250ヵ所以上にまで自然と広がっています。前述のファブスペースのように大学や企業の中にあるのではなく、地域住民に開かれ、また同時に、国際的にもつながって「実験的なプロジェクト」を行っていることがその定義上重要とされています。つまり**「ローカルでありながらグローバルである」**という二つの異なる極をうまく共存させている活動なのです。

ファブラボの歴史はやや古く、2000年前後に、米国のMIT（マサチューセッツ工科大学）の中にある「ビット・アンド・アトムズ・センター」が音頭を取って、ボストンのスラム街とインドの辺境の村に小さな工房を設置したのがその起源です。

当初の目的のひとつは、デジタル工作機械が一般の人々の使えるものになったとして、では実際に人々はどのようなものをつくりだすのかを調査することだったといいます。実験に選ばれたのは、現在の日本のような先進国ではなく、必要なものがまだまだ欠乏している「周縁の地」でした。社会や地域の問題解決に役立てようという志向も、ファブラボの思想には最初から書き込まれていたのです。

インドのハイテク自給自足生活

実際、「周縁の地」にファブラボが設置されると、人々は、自らが生活のなかで必要とするものを、自分たち自身でつくり始めました。

私は、最古のファブラボのひとつであるインドの「パバル村」を訪れたことがあります。まだ道路も砂利道で、電気は一応通ってはいますが、一日に何度も落ちたりするところです。水道もありますが日本ほどきれいな水は出ません。しかしそこで人々は、デジタル工作機械を用いて、日々直面した問題を解決するためのものづくりを行っていました。

たとえば、「超音波を発して獰猛な犬を撃退するための装置」や、自転車を改造してつくった「緊急用発電機」、日光をパラボラで反射させて一点に集め、肉を焼くための「ソーラー・クッカー」、１００ドルで自作できる温度記録計、酪農家が牛乳の鮮度や衛生状

図3-1　インドのファブラボ。ジオデシック・ドームに布をかけた小屋の中には、レーザーカッターや3Dプリンタなどが所狭しと並ぶ

態、脂肪分を管理するための計測装置、無電化村で使えるＬＥＤライト、畑への水散布の状況を調べるセンサ……。彼らはそこで、ある意味での**「ハイテク自給自足生活」**を営んでいるのでした。

また、ＭＩＴが開発した、デジタル工作機械だけでつくれる「FabFi」というインターネットのアンテナがあり、そのつくりかたがウェブサイトに公開されていますが、これをダウンロードして製作し、自宅にネットをつなごうとする小学生とも出会いました。彼がこのアンテナをつくった動機は極めて純粋です。「ウェブが見たかったから」。

ファブラボはボストンとインドの後、アフリカのガーナへと展開し、そこでは農業用機械などがつくられています。またノルウェーの山奥では羊飼いたちがＧＰＳ（位置情報システム）をつけたハイテク牧畜を営むためのフィールド実験が行われました。

このように主に途上国や周縁の地を中心としてそのネットワークが広がっていくことになり、第一次産業とＩＴを掛け合わせたような実験が多数進められています。アフガニスタンでは、紛争の解決に応用されることにもなりました。

これまでテクノロジーが届くことのなかった辺境の場所で、大量生産品だけではなかなかカバーすることのできない、**「問題解決型エンジニアリング」**を促進する場所として、ファブラボが広まっていったのです。**「世界の周縁の地ほど、最先端技術を必要としている」**ことが明らかになりました。

10年以上が過ぎたいまでは、先進国から途上国まで、寒い国から暑い国まで、大都市から農村まで、ものがなくて困っている国から、ものが多すぎることに困っている国まで、さまざまな地域にファブラボが存在します。この一部始終は『Fab――パーソナルコンピュータからパーソナルファブリケーションへ』（ニール・ガーシェンフェルド著、糸川洋訳、田中浩也監修、オライリー・ジャパン）と、拙著『FabLife――デジタルファブリケーションから生まれる「つくりかたの未来」』（オライリー・ジャパン）に記してありますので、詳しいストーリーはそちらをご一読いただければと思います。

世界中のラボどうしが連携

ファブラボは、単独の「スタンドアローン型工房」ではなく、「ネットワーク型の工房」というコンセプトも当初から持っていました。この背景にあったのは、「問題解決型エンジニアリング」と、「異なる場所をつなぐ国際的なネットワーキング」という二つの考え方でした。つまり、あるラボ単独では解決できない問題も、世界中に存在するラボどうしが連携し、アイデアやスキルを持ち寄れば、ともに解決できるのではないかという精神が共有されています。

同じデジタル機械を持つという、緩やかな共通機材のガイドラインをつくったのも、その目的のためでした。「まえがき」に、東日本大震災の後にスイスからＤＩＹ顕微鏡のデータが送られてきた例を紹介しましたが、それも事前に共通機材の準備があってこそのプロジェクトでした。遠隔での協働作業をやりやすくするための一計だったのです。

世界のファブラボどうしは、ビデオ会議システムでいつでも会話ができるようにつながれています。一国と一国だけではなく、同時に30から40ほどの国のラボの様子が中継されています。

また、作業を行うための机の様子を上から撮影する天井カメラを取りつけるラボも増え

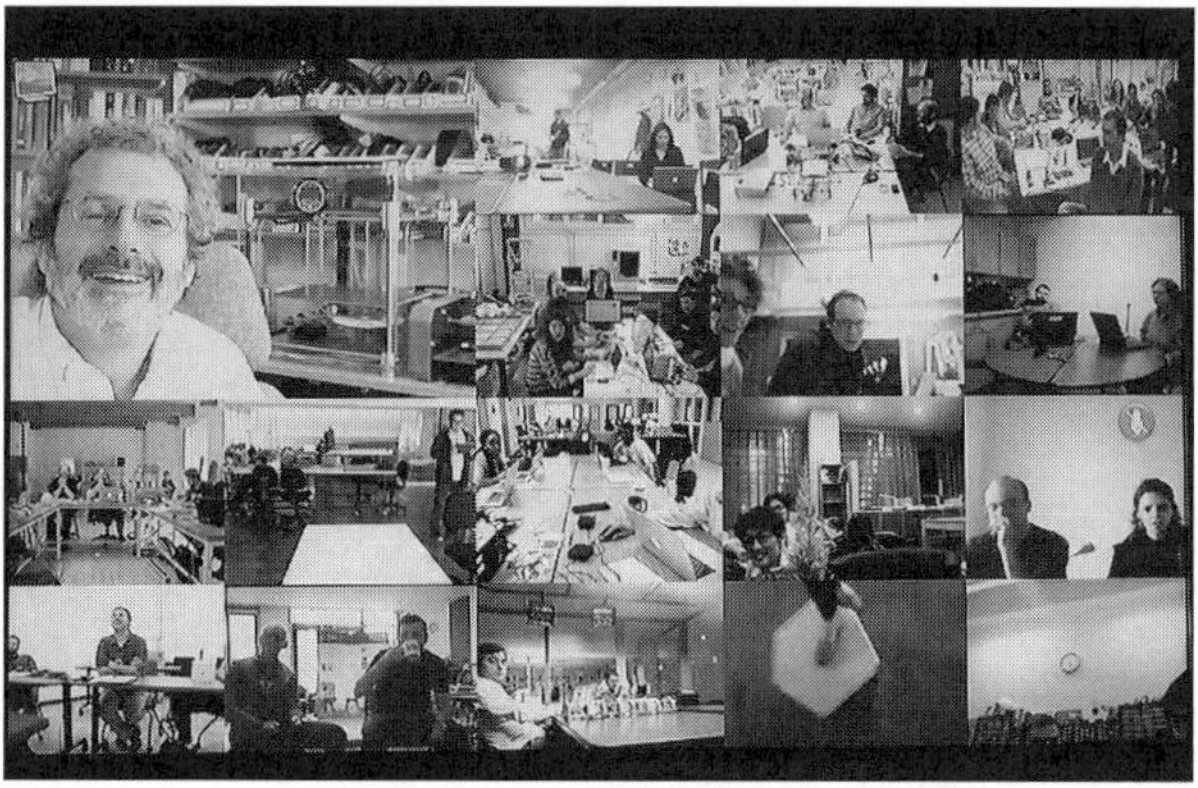

図3-2　世界のファブラボどうしは常に同時遠隔中継されており、会話をすることができる

図3-3　「FabTable」（慶應義塾大学田中浩也研究室）。手わざを録画し、机の上で再生することができる。職人技の伝承・伝達の一助となることが期待される。渡辺仁史さんを中心に開発（http://www.instructables.com/id/How-to-make-Fab-Table/）

てきました。手元の作業や、組み立て方などを、他の国に中継したりするためです。そうした「技の共有」をより支援するための、カメラ組み込み式作業共有テーブル「Fab Table」は、私たちが日本で開発し、いま世界中に配布しようとしているものです。

アポロ13号の「成功した失敗」

しかし実は、共通機材を揃えるという形式的なこと以前に、ファブラボどうしの連携に推進力を与えている、ある重要なストーリーがあります。それは「アポロ13号事件」という実際に起こった出来事です。

時は1970年のこと。三度目の月面着陸に飛び立ったアポロ13号は、月着陸船・司令船・機械船の三つの船から構成されていました。そのうち、機械船の酸素タンクが、宇宙で小爆発を起こしてしまったのです。

そこで、司令船の機能を完全に停止させて、三人の乗組員は月着陸船に緊急避難することになりました。しかし、月着陸船は、本来二人の乗組員が二日間だけ滞在するように設計されたものです。三人の人間が四日間も生存できるようにすることは想定されていませんでした。そのため、呼吸から放出される二酸化炭素を濾過するカートリッジがすぐに限界に達してしまうことが明らかとなりました。

この濾過フィルターは司令船の中にもあったのですが、それは四角形になっており、そのままでは着陸船の円形のものに装着することはできません。あろうことか、規格が違っていたのです。打つ手がなく、宇宙船の中は絶体絶命の危機にまで陥ってしまいました。

そのとき、通信で相談を受けた地上の管制官たちは、船内にあるものだけで解決する方法を考えはじめました。そして、余っているボール紙やビニール袋をガムテープで貼り合わせて部品を取り付ければ、穴を埋めるためのカートリッジができることに気づいたのです。そこで、作り方を通信で飛行士たちに伝え、船内ではギリギリで遂行されました。

こうして手作業で完成させた「間に合わせのもの」で規格の違うフィルターが転用できるようになり、窮地を免れて危機的な状況をしのぎました。アポロ13号と三人の乗員は無事に帰還できたのです。

高度なエンジニアリングの粋《すい》のような宇宙船の危機を救ったのは、結局、ビニール袋やガムテープを用いたブリコラージュ（ありあわせのものだけの器用仕事）でした。そして、それを裏で支えたのが、「命綱」的な通信技術による連携だったのです。この事件はいまでは、「成功した失敗」や「栄光ある失敗」と呼ばれています。

それから約50年。「宇宙と地球」ほどではありませんが、ファブラボは、地球上の「それぞれ事情の異なる地域」どうしで助けあいながらの活動をいかに進めるかという問題に対して、「工房をネットワークで結ぶ」ということで、ひとつの突破口を開いています。もののの遠隔転送技術はまだまだ実験が必要な段階ですが、これから技術を確立していけば、災害時の支援などにも役に立つ可能性があります。

ＯＬＰＣプロジェクトの教訓

「通信技術」を活用した「命綱としてのネットワーク」の精神に加えて、ファブラボの活動にもうひとつ書き足されている別の重要な文脈があります。それは「パーソナル・コンピュータ」のストーリーです。

米国ボストンはケンブリッジにあるＭＩＴ（マサチューセッツ工科大学）は、かつて軍事にも用いられた「大型計算機」を、ひとりひとりの個が、知的な創造性を発揮するための「メディアとしてのパーソナル・コンピュータ」へと捉え直していくことに取り組んできた、長い伝統を持っています。

そして、米国をはじめとした先進国で、「パーソナル・コンピュータ」の普及啓蒙がおおよそ完了したと思われた２０００年ごろ、ＭＩＴでは「One Hundred LapTop per Child（ＯＬＰＣ：ひとりひとりの子供に１００ドルのラップトップＰＣを）」と名付けられたプロジェクトが進行していました。

ＯＬＰＣは、１００ドルのラップトップコンピュータを、主に途上国、世界の周縁にいる子供ひとりひとりに配布しようというプロジェクトで、そのリーダーは、日本でもよく知られるＭＩＴメディアラボの初代所長、ニコラス・ネグロポンテでした。

パーソナル・コンピュータを推進してきた研究者の多くは、「個が表現力と創造力を持つことで社会が改革される」ことを強く信じています。ネグロポンテもそのひとりです。その力を国際協力へとつなげることで、先進国ではない場所にも、情報のリテラシーを高める活動を広げようと考えたのです。このプロジェクトは、ブラジル、中国、エジプト、南アフリカ、タイなどで進められました。

しかし、プロジェクトが進行するにつれて、当初は思いもしなかった二つの重大な問題が浮上してきました。

ひとつは、「できあがったコンピュータを配るだけでは、たとえコンピュータ上でソフトやコンテンツをつくることができるようになったとしても、ハードウェア――すなわち電気回路や筐体、さらには機械を置いたり作業をするための椅子や机など、〝フィジカルな部分〟をつくれるようにはならない」という、当たり前の事実でした。

途上国では、椅子も机もない古い建物に、先進国から供給されたパソコンだけが、ほこりをかぶったまま床に放置されているという、悲惨な状況が相当数存在しています。現場を置き去りにした国際支援のプロジェクトが、実際のところ多数繰り広げられているのです。配られたパソコンを使ってみようとしても、ほこりや湿度などの異なる環境では、当然ながらすぐに故障し、修理が必要となることも頻繁にあります。しかし、そうしたメンテナンスを行うためには、ハードウェアの知識が必要となります。そうした現実は多くの場合、黙殺されてしまっています。

さらにもうひとつの根本的な問題は、あらかじめ別の遠い場所で設計・量産されたOLPCでは、実際の現場（特に途上国）の文脈や状況に運びこんだときに、必ずしも適合的でないということでした。現地が求めるものは、別の国で想定されたものとは違うことが大半だったのです。

たとえば、ある場所では防水ディスプレイが必要とされていました。ある場所では何百頭もの動物を測るセンサが求められていました。あるいは空中に装置を浮かせる場合がありました。さらにいえば、現地の素材や工法を利用したほうが、より効果的で誠実な解決法である場合も多くありました。文脈も文化も異なる場所で、同じものがいつも役に立つかといえば、そのようなことは現実には少ないのです。

こうして、「先端技術で社会問題を解決する」という思想的背景をもった活動であっても、完成済みの「コンピュータ」をただ配るだけの支援では限界があることがはっきりしました。**重要なのは、現場で、使用者自身が、その場やその人に合うようにテクノロジーを再編集できるための「施設（拠点）」**だということがようやく分かったのです。そのための実験拠点として開始されたのが、初期のファブラボ・プロジェクトでした。

コンピュータはパソコンだけじゃない

もちろん、ＯＬＰＣの限界が認識されたからといって、「メディアとしてのパーソナル・コンピュータ」に対する情熱が冷めたわけではありません。

むしろ逆に、ファブラボではユーザーが「配られたコンピュータをただ使う」存在ではなく、「新しいかたちのコンピュータをつくる」存在に成長することが目指され、それを支援し、新たなパラダイムを開こうとするプロジェクトが開始されました。そのためにこそ、デジタル工作機械が手段として役立つのではないかと考えられたのです。

この話を進める前に、「コンピュータ」について簡単に定義しておきます。

コンピュータは、メディアのように情報を「運ぶ」だけでなく、「計算処理をする」ためのものです。いまのスマートフォンもパソコンもそうですが、中を開けると、計算処理を行うための論理部に、データを保存するためのメモリ、入力操作をするためのマウスやキーボード、あるいはタッチパネルやセンサ、出力がされるディスプレイやモーターといった基本要素が組み合わさってできています。ネットワークへの接続ももう当たり前の一要素です。

逆にいえば、これらの要素が揃っていれば、外見にかかわらず、ほぼどんなものでも「コンピュータ」と呼ぶことができるのです。

一般にコンピュータというと、デスクトップやラップトップ（ノートパソコン）、スマートフォンといった標準化された「かたち」の機器だけをそう呼ぶと思いがちですが、決してそれだけではありません。

実際、中身を開ければ、炊飯器だって、電子楽器だって、温度計だって、通常はそういう呼び方をしないものであっても、その実体はコンピュータである場合がよくあります。また、ロボットや、電気自動車、人工衛星、そして3Dプリンタだって、新しい形態をまとった「コンピュータ（あるいは、その周辺機器）」なのです。基本的に現代のハイテク機器はほとんどコンピュータ関連だと思っても間違いではありません。

そういう意味で、ファブラボでは、見慣れたかたちに標準化されたものだけではない、現場でそれぞれ必要とされる、新しいかたちの「コンピュータ」が発明されることが期待されていました。そのために選定されたのが、ファブラボ標準機材と言われる、レーザーカッター、CNCミリングマシン、3Dプリンタ、ペーパーカッター、デジタル刺繍ミシンと、電子工作の道具一式だったのです。

これらの機器を組み合わせて使えば、「コンピュータの各要素」を一通りつくることができます。ペーパーカッターでは薄い銅のシートを切り抜いてアンテナやスピーカーをつくります。CNCミリングマシンでは銅のプレートを細かく彫りこんで電子回路の基板部分をつくります。基板の上には電子部品をはんだづけします。レーザーカッターでは回路を保護するための筐体をつくり、3Dプリンタではスイッチやツマミをつくります。大型のミリングマシンでは、できあがったコンピュータを運ぶための木の箱や、載せる台や椅子をつくります。デジタル刺繍ミシンは、導電性の糸を服に縫い付けて、柔らかな電子回路をつくったりすることに使います。

このように、「コンピュータ」の、外装から機能まで幅広い製作の一通りをカバーするために、ファブラボの標準機材が選定されたのでした。

現場の「文脈性」を大切にする

こうした機材を使いこなした結果、たとえばアフリカでは、ニワトリが産んだ卵を自動的に数えながら回収するロボットがつくられ、ノルウェーでは何百頭の羊の位置情報をサーバに集めるためのGPSがつくられました。インドでは牛乳の成分を測るための特殊なセンサがつくられ、インドネシアでは病院の入院患者用のベッドを昇降する装置がつくられたりするまでになったのです。

さまざまな環境や文化に合わせて、「個人用のコンピュータ」をつくること。それも、それを使う人自身がつくりあげていくことが実現され、その営みは**「パーソナル・ファブリケーション」**と呼ばれるようになりました。

「パーソナル・ファブリケーション」は、個が新しい表現力と創造力を獲得することを目指した「パーソナル・コンピュータ」の精神の延長上にある次のパラダイムです。

さらに、地域固有の問題を、地域の人々が参加して自主的に解決することを目指す「ソリューション（問題解決）型」のエンジニアリングであることにも特徴があります。新しいコンピュータを発明する目的や動機、そしてその必然性は、現在の使い方を変えないままにパソコンの性能を良くすることではなく、むしろパソコンの使い方そのものを根本から考えて、現実に直面した問題を解決することなのです。

こうした発想は、現場で問題と向き合ったところから生まれるもので、綺麗なオフィスで行われる企画会議の抽象論からはなかなか出てこないものです。ここでの鍵となるのは**現場における「文脈性」**なのです。

現場における文脈性を大切にした発想の生み出しかたは、**「イノベーション」**というキーワードからも最近になって注目されるようになっています。「イノベーション」という語の訳には「新結合」など諸説がありますが、私は**「ユーザーが抱える問題を解決するための、新しい情報の組み合わせ」**という定義（神戸大学・小川進教授によるもの）がファブラボのストーリーにぴったり当てはまると考えています。

技術はただあればよいというものではなく、それを状況に適合的なものにするために、使いながらつくり、新しい組み合わせを生み出し、反復的に検証するための現場が必要です。これがつまり、フィールド実験です。地域の抱える問題を地域で解決しようとするファブラボはその実験拠点として、大きな力を発揮するのではないかと思えるのです。

新しいイノベーションのかたち

また、ファブラボは単独のラボではなくネットワークになっているので、人がラボの間を行き来することができます。

ふだん住んでいる場所とは違う場所に出かけてみることで、その地域にある「問題」が、現地の人以上によく見えてくるということもあるでしょう。また逆に、場所を変えてみることで、相手の問題というよりもむしろ、自分の中にある問題こそがよく分かってくることもあります。移動することで、慣れてしまった自分と社会をどちらも相対化することができるのです。

ファブラボを通じた国際連携に参加して痛感するのは、一昔前までのように、「先進国が途上国を支援する」という一方的な考え方を改めなければいけないことです。むしろ、途上国のほうが、具体的に解決すべきさまざまな目に見える問題があり、それに挑戦しようとする意欲があり、新しい発明が生み出されやすい土壌が整っているとすら思えるのです。

そうした状況のなか、最近では**「リバース・イノベーション」**という言葉も提案されるようになりました。リバース・イノベーションとは、イノベーションが先進国から途上国へと普及すると思われていたこれまでの認識とはむしろ逆で、より個別具体的な問題に即した途上国の「現場」でまずイノベーション（新しい情報の組み合わせ）が起こり、それが先進国へと逆流することを説明した概念です。

実際に私もインドのファブラボで、「非電化で肉を焼くソーラー・クッカー」や「自転車を改造してつくった発電機」などを見ましたが、そこには新しい発明の起こるいきいきとした空気と、それを必要とする社会の状況というものを感じました。そして、たとえばエネルギー問題やヘルスケアの問題を解決するデバイスなどは、洗練できれば日本にそのまま適用できると思えるものも数多くありました。

「先進国」と「途上国」という呼び方を改めて、「成熟国」と「成長国」と呼び直したうえで、互いに持っている（そして持っていない）要素どうしを持ち寄り、組み合わせて、対等にコラボレーションすることが、かつてよりも重要になってきています。ファブラボはそうした国際連携の懸け橋としての役割も担っているのです。

先進国のファブラボは何を目指すか

「現地のニーズに即した、いまとは違うかたちのコンピュータをつくること」が「パーソナル・ファブリケーション」と呼ばれること、それによって地域の問題解決が地域ローカルで図られるようになること、成熟国と成長国のつながりは「リバース・イノベーション」と呼ばれる新たな段階にまで入ってきていることの三つを述べてきました。

しかし、現在の日本では、すでに高性能なコンピュータが広く普及しているために、いまのかたちのコンピュータでも別によいのではないか、問題はないのではないかと思われる方も、多いと思います。話が自分とは関係のない、どこか遠い国の出来事に聞こえたかもしれません。

日本をはじめとする先進国のファブラボは何を目指していけばよいのか。これは本書の後半の大テーマとなります。しかしひとまずここで「コンピュータ」に限って言うならば、事情は成長国とそれほど変わらない部分があるように思います。

もともと、どんな大量生産されたプロダクトであっても、ひとりひとり違う身体、視力、運動神経、反射神経、そして趣味嗜好をもった多様な「個人」の間では、さまざまな「適合」「不適合」が生じているものです。コンピュータは現代の代表的な大量生産品です。ディスプレイであれば、壁紙を変えたり、フォントの大きさや種類を変えたりしてある程度カスタマイズすることができます。しかし、人間の身体と物理的に日々長時間接する「ハードウェア」は、ブラックボックス化され、全く同じものを全員が同じように使用している状況です。

この、すでに「当たり前」と思いこんで黙認してしまっている部分を疑って、考え直すことはできないでしょうか。

キーボードとマウスをカスタマイズ

ここでは特に、コンピュータの「入力」部分について考えてみたいと思います。いま私がこの原稿を書くために指が何度も触れているのがキーボードとマウスです。一日のなかでかなり長い時間接しているこの物理的な入力装置ですが、ひとりひとりが自分に合わせてつくりかえてみたらどうなるでしょうか。万年筆や文房具にこだわりを持つように、こ

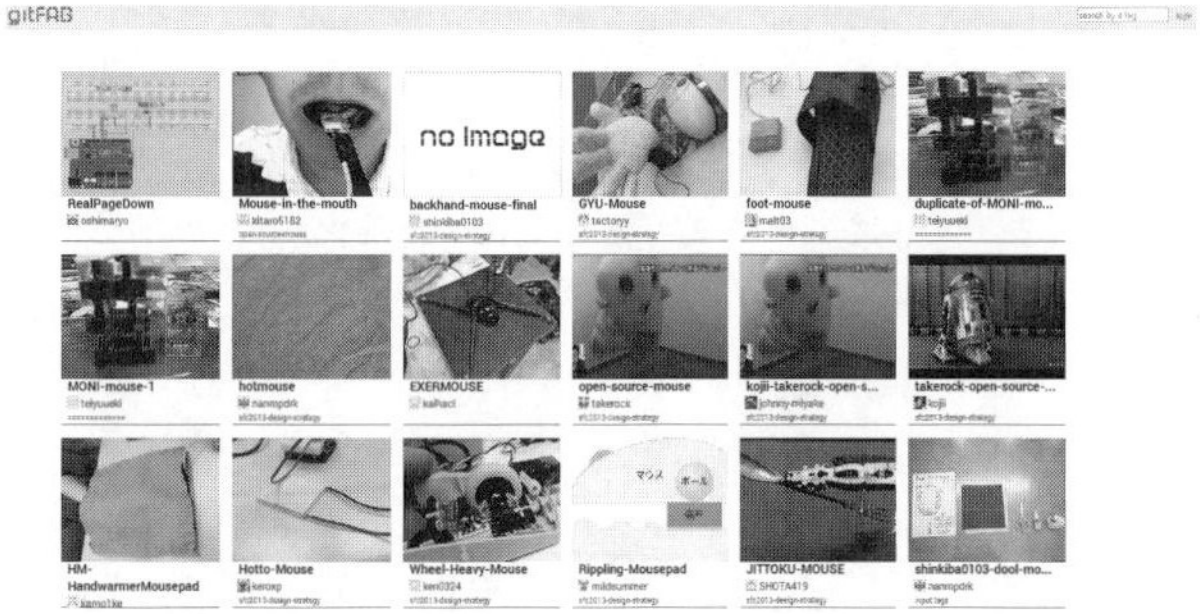

図3-4　慶應義塾大学ソーシャルファブリケーションラボとMozilla Japanが共同で開発中のウェブサービス「gitFAB」。「もののつくりかた」の共創プラットフォーム（http://gitfab.org）

だわりを反映できないものでしょうか。

慶應ＳＦＣの同僚の筧康明先生らが、大学の授業の一環として、３８０円程度の古いマウスを学生ひとりずつに配布し、それを個々が思うようにカスタマイズする課題を出されています。この課題はいま「gitFAB（http://gitfab.org/）」という、お互いにプロジェクトの制作日記を公開し、参照しあいながら派生させるための、私たちが独自開発した**共創プラットフォーム**の上で展開されています。

ウェブサイトを開いてみると、手の甲で動かす「バックハンド・マウス」や、スケートボードと合体した「スケートボード・マウス」、そして物質の重さまでが感じられるマウスなど、多種多様なアイデアに溢れています。入力装置にも、実はまだまだ発展可能性があるのだということを示す良い事例集になっていると思います。

「入力装置」といえば、私の研究室では、テレビリモコンを改善するミニプロジェクトに取り組んだ学生がいました。

ご存知のとおり、テレビがデジタル放送に変わったこともあり、いま、テレビのリモコンのボタンはおそろしい数にまで増殖しています。私の家にあるリモコンのボタンの数を数えてみたところ、なんと50個ものボタンがあって驚愕しました。

対照的に思い出されるのは、かつての昭和のテレビです。私が生まれた当時、テレビの操作ボタンは（リモコンではなくテレビ本体に合体したものでしたが）、電源と、チャンネルと、音量、その三つだけでした。

そしていまでも、「テレビのリモコンのボタンは三つで十分」と考える人は、特に高齢層を中心に、多数存在しているのです。私の母がまさにそのひとりです。そうした特定の層のニーズを踏まえて、その学生は、回転だけの最小限の操作で、しかしもちろんちゃんと使うことのできる、オリジナルのシンプルリモコンをつくりあげました。この製作には、3Dプリンタやミリングマシンを用いています。

さらに、日本にいくつかあるファブラボのうち、最初に立ち上がったひとつである「ファブラボ鎌倉」からは、エンジニアの大塚雅和さんにより、スマートフォンでエアコンなどの家電を操作することのできるシステム"IRKit"（https://fabcross.jp/news/2014/01/20140117_ir_kit.html）が登場し、Amazonで販売されるまでになりました。

各メーカーが家電に独自規格のリモコンを付随させて販売している現在、私たちの家の中は異なるメーカーの無数のリモコンで溢れてしまっています。そんな生活者の視点に立って、エンジニアリング力を組み合わせることで、日常の問題を解決する新たなアプローチが生まれたのです。こうした、ユーザーイノベーションから製品化まで到達する例が増えてくることが望まれます。

図3-5　廣瀬悠一さんによるオリジナルの回転リモコン（慶應義塾大学田中浩也研究室）

クリエイターのニーズを満たす

「入力装置」に対するニーズはさまざまです。多すぎるボタンの数を少なくしたい、複雑すぎる入力をシンプルにまとめたいという「減らす系」プロジェクトがある一方、現在のパーソナル・コンピュータでも、まだボタンが足りないと感じている人もいます。

ある学生は、パソコンをタブレットにつないでイラ

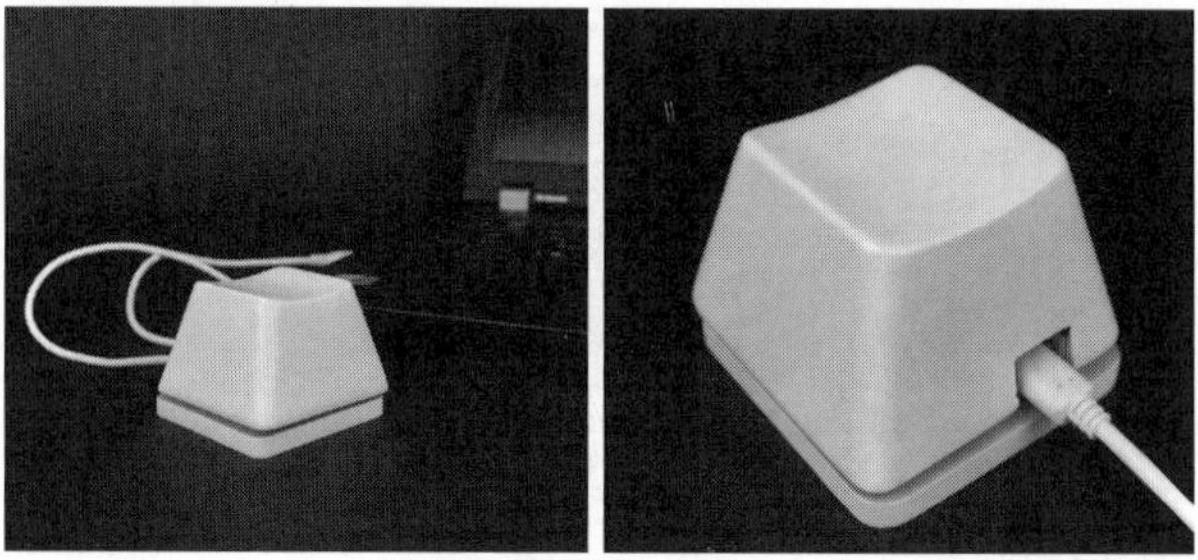

図3-6　清水茂樹さんによるオリジナル外部キー
（慶應義塾大学田中浩也研究室）

ストを描くことを日常的に行っています。パソコン上でイラストを描く作業では、こまめに「保存」したり、ひとつ前の状態に「アンドゥ」するような、行きつ戻りつの操作が日常です。しかし、片手にペンを挟んだまま、両手の指をキーボードの上にまで持っていき、「Ctrl」と「S」を同時に押したり（保存）、「Ctrl」と「Z」を同時に押したり（アンドゥ）するのが、動作として非常に煩わしいそうです。そのたびに作業が一瞬止まってしまうことが、「流れ」を壊してしまうからです。絵を描く作業が少しであっても途切れてしまうことは、クリエイターにとって切実な問題です。

そこで彼は、USBに外付けできる、ワンプッシュで「保存」ができたり、「アンドゥ」ができる専用のキーをつくることにしました。3Dプリンタやミリングマシンを駆使して、丁寧な仕上げで完成させました。実際に使ってみたところ、自宅でイラストを描く作業をものすごく効率化してくれたそうです。
汎用機であるコンピュータに特有の入力を加える改良は、イラストレーター、ミュージシャン、映像の編集、さまざまなクリエイターに需要がありそうです。

ハッピー・ハッキング・キーボード

こうした試みの草分けとして、いまから20年ほど前に「ハッピー・ハッキング・キーボード」を提唱されていた和田英一さんがいらっしゃいます。日本のハッカーの草分けとも呼ばれる和田さんはもともと、コンピュータと暮らすデジタル時代の基本的なライフスタイルとして、自分専用の、必要最小限で使い心地の良い、オーソドックスなキーボードを、毎日持ち運ぶことを提案されていました。そのことについて、当時次のような説明をされています。

アメリカ西部のカウボーイたちは、馬が死ぬと馬はそこに残していくが、どんなに砂漠を歩こうとも、鞍は自分で担いでいく。馬は消耗品であり、鞍は自分の体に馴染んだインターフェースだからだ。（中略）いまやパソコンは消耗品であり、キーボードは大切なインターフェースであることを忘れてはいけない。

パソコン、ワークステーションを買い代えるたびに新品のキーボードがついてくるのがおかしかったのである。手に馴染んだキーボードは末代まで使い、パソコンは買ってもキーボードはついてこないという時代に早くしたいものである。

（出典：www.pfu.fujitsu.com/hhkeyboard/dr_wada.html）

約20年がたった現在、パソコンを買うと必ずキーボードがついてくる時代は、残念ながら今でもまだ続いています。しかし、３Ｄプリンタやレーザーカッター等のデジタル・ファブリケーション技術が登場したことでようやく、自分にとって一番使いやすい入力装置を、自分自身で使いやすく改造してみたり、つくってみることまでが可能になりつつあるのです。

私はニューヨークのＩＴＰという大学の「デジタル・ファブリケーションのためのデザイン」という名の授業の課題作品で、木と苔《こけ》でできたキーボードを見たことがあります。この製作者は、現代の技術製品は冷たくて生命を感じさせないので、指がよりしっとりと有機的なものに触れるための機会をつくりたかったと言っています。一日のなかでこれだけ長時間触り続けるものですから、入力装置へのこだわり、リデザインは今後も増えていってよいのです。本来は万年筆や文房具のような存在なのですから。

図3-7　Robbie Tiltonさんによる「Natural Keyboard」
（http://robbietilton.com/natural-keyboard/より）

個人が「つくる」コンピュータの時代

ＩＴＰの作品群を見てもうひとつ確信したことがあります。それはいまの時代、コンピュータと言えばデスクトップやラップトップパソコンでなく、むしろスマートフォンが一番メジャーであるということです。

多くのファブラボで、３Ｄプリンタでスマートフォンの保護ケースをつくる様子が見られますが、それは、現代の代表的なプロダクトであり、かつ一日じゅう身につけているものだからでしょう。

ただ、スマートフォンの「外側をつくる」のではなく、むしろ逆に、スマートフォン自体を何か別のものの中に埋め込んでしまうことに、私はより面白さを感じました。ニューヨークで見たもの

図3-8　宍戸直也さんによる、凧に小型カメラを吊るすための自作パーツ。3Dプリンタで製作（慶應義塾大学田中浩也研究室）

にもそうした試みが多数ありました。

ぬいぐるみにスマートフォンを埋め込む例、サッカーボールに埋め込む例、ラジコンのようにタイヤをつけてしまう例、凧《たこ》に吊るして空中に浮かせてしまう例など、さまざまな新しい「かたち」がつくられています。

新しい「かたち」が与えられれば、ものと身体との関係が変わり、通常とは違う姿勢や振る舞いが生まれ、新しい使い方が生じてきます。さらにスマートフォンのカメラ機能を活かしておけば、特殊な写真や映像を撮影する装置を比較的簡単につくることができるのです。

画一化され過ぎたコンピュータ環境に、個人の創意工夫を上書きし、多様性や個人性を生みだす具体的な事例は尽きることがありません。

これまで、「パソコン（パーソナル・コンピュータ）」とは、**個人が「つかう」コンピュータ**、という意味とされていました。しかしいま、**個人が「つくる」コンピュータ**の時代が本当にやってきているのです。

この原稿を書いている最中に、Google社が、ユーザーが自由に組み替えることのできるモジュール式の携帯電話を構想しているとのニュースが飛び込んできました。ますます、多様性の表現が可能になってきそうな予感があります。こうした「コンピュータの改造」を支援してくれるのが、デジタル工作機械でもあるのです。

バラバラのデジタル工作機械がひとつに統合されたら

さて、この考え方をずっと延長していくと、ファブリケーション技術が向かっている未来形のひとつがおぼろげながら見えてきそうです。ここまで述べてきたことを踏まえたうえで、そこから思い切り踏み切り板を踏んで跳躍し、まさにSF的な想像力を大切にしながら未来への展望を述べてみたいと思います。

現在のファブラボでは、複数のデジタル工作機械を組み合わせることで、外装から機能まで一通りの要素を別々につくり、それらを組み立てて「個人的なコンピュータ」をつくっている段階です。あるいは、既存のコンピュータを個々にカスタマイズしたり、改造している段階です。いまはまだ、各デジタル工作機械が、バラバラに分かれています。それはかつてのワープロ、シンセサイザー、ビデオデッキのように感じられます。

しかしワープロ、シンセサイザー、ビデオデッキが、その一部がソフトウェアに回収されながら「パーソナル・コンピュータ」というひとつの装置に統合されてきたことを思い出せば、同じように、いまはバラバラのデジタル工作機械が複合機となっていき、最終的にはひとつの汎用的な機械に統合され「オール・イン・ワン」化してくる未来が考えられます。

樹脂を積層すること、切断すること、切削すること、スキャンすることなど複数の工作作業が統合された機械が生まれ、それが電子レンジくらいの大きさにまでコンパクト化された状況を想像してみましょう。その能力は、現在の（基本的には外装しかつくることのできない）「３Ｄプリンタ」のイメージを遥かに超えています。切削しかできないＣＮＣミリングマシンとも異なります。

それはさまざまな加工方式をひとつにまとめた**「マルチファブリケーター」**であり、そして、さらにパソコンの基本パーツをつくるための機能をすべて備えた**「パーソナル・ファブリケーター」**と呼ばれる機械にもなるのです。

実現は可能か？

パーソナル・ファブリケーターを完成させるには、現在の３Ｄプリンタやミリングマシンのような立体造形や加工の技術だけでなく、内部の「電子回路」を製作する技術も融合する必要があります。現在でも、ペーパーカッターで銅箔を切り抜く、ミリングマシンで銅板を削り取る、デジタル刺繡ミシンで導電性の糸を縫い付けるといった方法での回路づくりは可能ですが、より効率的な方法が期待されるのです。

難しそうに感じられるかもしれませんが、要素技術は揃いつつあります。家庭用のインクジェットプリンタに銀ナノインクを詰めることで回路を「印刷」する技術をはじめとして「PE（プリンテッド・エレクトロニクス）」と呼ばれる技術は加速度的に発展しており、実用化も射程範囲に入りつつあります。最近では、3Dプリンタに用いる材料である「フィラメント」にも、電気を通すものが登場しました。

第1章で紹介した「Fab@Home」のホッド・リプソンの研究グループからは、実際に作動する「スピーカー」を直接3Dプリントする実験に成功したというニュースが飛び込んできています。この実験は、各種の部品を別々にプリントしてあとから組み合わせたのではなく、好きなかたち、大きさの「スピーカー」がいきなり、3Dプリンタから現れてくるというものです。

回路の上に電子部品を接着する装置の開発も進められています。「ファブラボつくば」を切り盛りするすすたわりさんは、そのための研究開発を長年続けている日本の代表的な研究者のひとりで、特にチップマウンターに注力されています。「パーソナル・ファブリケーター」は、さまざまな側面からアプローチされて、徐々に視界に入りつつあるのです。

3Dプリンタが周辺機器ではなくなる日

現在の3Dプリンタだけを見てしまえば、極めて初歩的な「パーソナル・コンピュータの周辺機器」としての位置づけに過ぎない段階です。

しかしこれが「パーソナル・ファブリケーター」にまで進化したとき、その関係は逆転してしまうでしょう。「コンピュータをつくるための機械」はもはや、一種のマザーマシンなのであって、「周辺」機器ではありません。究極的には、「コンピュータ」はソフトウエア部分を開発する装置、「ファブリケーター」はハードウェア部分を開発する装置となり、その二つはセットで使われる、対等なものになるはずです。

そして私たちは、スピーカーやイヤフォンのような「工業製品」のデジタルデータを購入してダウンロードし、自宅のファブリケーターでそれを物質化するようになるのでしょう。同一の工業製品が工場で集中的に大量生産されるのではなく、まるで、mp3や電子書籍を買うような感覚でデータを買い、各家庭で分散的にオンデマンド生産されるようになるかもしれないのです。いまはその初期的な段階です。

その現在において、ファブラボが社会に発しているメッセージがあります。それは、「パーソナル・ファブリケーター」が登場する未来の展望を描きつつも、その技術が完成する日までただ指をくわえて待っているだけではなくて、今ある機材からでも「個人的なコンピュータをつくる活動（パーソナル・ファブリケーション）」を始めてみたらどうだろう？というものです。

技術は進化するかもしれませんが、それに向き合うアティチュードは、いまから培っておくことができるからです。いや、むしろ技術が洗練され、効率化されてしまう前の混沌とした段階こそが、人間の創造性を必要とするという意味では、一番大切な時期だということができるかもしれません。いまの段階は、「つくる人」と「つかう人」があまり分かれておらずに混じり合っており、いろいろな実験を心ゆくまで試すことができるからです。

いま思えば本当に初歩的だったマイコンキット「TK-85」の時代から、現在のスマートフォンまで、私は人生の中で各種のコンピュータを使ってきました。それと同じ歴史を、これから、パーソナル・ファブリケーションが繰り返すとしたらどうでしょうか。

後から振りかえって、いまの状況は「本当に初歩的だった」と思える時代になるでしょうか？

もしかしたら、時代が過ぎても、意外とその本質は変わらないのかもしれません。創造に必要なのは、いつの時代も、対象とじっくりと向き合って、失敗を積み重ねながら、試行錯誤（トライ・アンド・エラー）を繰り返していくことだという原則はきっと変わらないからです。

「パーソナル・ファブリケーション」において本当に大切なのは、自分自身でやってみること、すなわち「パーソナルなトライアル」に他ならないのです。ＦＡＢはそのための環境です。

第4章　地域・地球環境とFAB

——グローバルからグローカルへ

スタートレックの「レプリケーター」

前章で触れたように、ファブラボの機材を駆使してつくられる現時点で最も小さいものは、「電子回路」です。では逆に最も大きいものは何でしょうか。物理的に最も大きなものは、建築物や飛行機の翼などです。しかしここでは、物理的な大きさからは少し離れ、私たちを「包む」という意味での大きさ（広さといったほうが適切でしょうか）を想定し、地球や都市といった「環境」のことを考えてみたいと思います。あるいは、ファブラボでつくられたものが、自分の手を離れても、うまく社会の中を「循環」するライフサイクルについて構想してみましょう。

再び有名なストーリーから始めたいと思います。

今回のストーリーは、実際に起こったアポロ13号事件と異なり、現実の出来事ではありません。「スタートレック」というＳＦの話です。

スタートレックは１９６６年に放映がはじまった娯楽番組ですが、「有限な宇宙船の中で、人がいかに生きることができるか」を科学技術的に探求した内容でもありました。そこに「レプリケーター」という、あらゆるものをつくることのできる汎用工作機械が描かれています。これは同時に、「３次元コピー機」とも捉えられますし、「遠隔転送装置」でもあるようにさまざまな用途で頻繁に登場します。現在世界的に広がっている家庭用３Ｄ

プリンタのひとつに「レプリケーター」という名前の製品がありますが、それはこの番組から名前を借用したものです。

スタートレックの「レプリケーター」には「分子」が材料として貯蔵されていて、人が前に立って「ホット、アールグレイ」などと音声で指示をすれば、好みの飲み物がコップとともに瞬時につくられます。普通のコーヒーベンダーと違うのは、「飲み物」だけでなく、「コップ」さえも、分子を合成してその場でつくられることでした。レプリケーターは、分子から素材を合成し形態化することで、飲料・食品から文具・玩具・工業製品・電子的なものまで、**「(ほぼ) あらゆるものをつくる」**ための万能製作機械なのです。

さらに、アールグレイを飲み干したあとで、コップを再びレプリケーターに戻しておけば、再び分子にまで分解されて、次の製造物の材料として使われるという仕組みも内蔵されています。つくる、だけではなく戻すこと――**「(ほぼ) あらゆるものをリサイクルする」**こともできる点が重要です。つまり、材料と製品が双方向に、どちらからどちらへも変換できるようになっているのです。そこには、**分子を単位として、組み立てることも、分解することも可能な、閉じた循環系**が実現されます。

宇宙に出かける際には、実際に現場で何が必要になるか事前には分からないので、必要な時に、必要な量の、必要なものを、必要な人がつくるための万能製作機械が搭載されるというストーリー設定には必然性があります。しかし同時に、閉じた宇宙船のなかで「もの」をどんどん増やし、つくり続けるだけであれば、いずれ住むための容積がなくなってしまうことも明らかです。だからこそ、常に「材料」にまで戻せること、すなわちリサイクルもできる循環系が実現された未来が描かれているのです。

ただ、こうした閉じた循環系をつくることのある種の代償として、レプリケーターでつくられるものは、「人が技巧を凝らして丁寧に製作したもの」に比べて若干品質が劣る、という設定がなされています。表面にわずかなギザギザが残るのです。

これはたとえば音楽でいうCDとmp3の音質の差のようなものと解釈できるとされていて（mp3にはデジタルデータ圧縮による「こぼれ情報」が発生して、音質が若干下がります）、本当の実物との間にはわずかながら違いが生まれるのでした。これは、あらゆる「デジタル圧縮」に共通する宿命でもあります。

だから、レプリケーターによってつくられた食事は、本当に味にこだわる美食家たちからは不評であるとされ、また職人技によってつくられた精巧な工芸品は「レプリケーターでは実現できないもの」として珍重され、別途展示室に飾られている、という、とても考えさせられる設定になっているのです。

この世界は、「日用品」と「芸術品」のあいだに、明確な一線を引いて棲み分けているのかもしれません。日用品はすぐに分解してリサイクルできること（親環境的）に、芸術品は大切に飾って鑑賞すること（美的追求）に重きを置く、というように、「もの」のカテゴリを、大胆な勇気を持ってある時点から「二つに分けた」未来が描かれているとも解釈ができます。

宇宙船地球号

スタートレックは、「宇宙船」という設定を通じて、おもに子供向けに「いま、ここから遠い場所」へSF的想像力を飛躍させるためのものになっています。しかし大人であれば、この「宇宙船」は、実は「有限な環境」を象徴的に描くための手段であって、地球上の日常の生活環境――すなわち「いま、ここ」を反省的に表していることにも、すぐに気がつくはずです。

ものをどんどんつくり続け、破棄していけば、いずれ有限の地球の容積はなくなってしまいます。この時代には、デザイン科学者のバックミンスター・フラーや、経済学者のケネス・ボールディングらによって、地球そのものをひとつの宇宙船と見立てる「宇宙船地球号」というコンセプトが生まれていました。

これまで、私たちの社会では、ものをきわめて「精巧」につくる技術を発達させてきましたが、逆にリサイクル、リユースの技術はまだ始まったばかりです。特に工業製品に限れば、作り手が丁寧に渾身の力を込めてつくったものを、使い手が粗暴に捨て続けている不幸な状態が長く続いているといえるでしょう。

スタートレックは、遠い宇宙の話というよりも、これから私たちが日常生活をどう立て直していけばよいかということを考えさせてくれるストーリーとして、いまこそ現代的に捉えなおすことができます。**未来の3Dプリンタは、ただ「つくる」だけでなく、材料まで「もどす」ことも担わなければならない**のです。

環境と循環するものづくり

こうしたTVドラマから影響を受けているからか、いま3Dプリンタをつくっている若い研究者の中には、「環境志向」のマインドを持っている人が多く存在しています。もちろん、「レプリケーター」として描かれていたような、分子を単位として組み立てても分解もできる機械が実現するにはまだまだ研究が必要とされています（分子プリンタの開発は進んでいますが）。しかし、「分子」とはまた違う方法で、「ものをつくる」だけではなく「もどす」ことも実現しようとする工夫は、他にもありえます。

私の研究室では、3Dプリントした物体を再び細かく砕き、溶かして、材料に戻すための「3Dシュレッダー」と、「フィラメント製作機」を試作しました。紙に印刷するインクジェットプリンタが家庭に普及したあと、それを細かく切り刻むための「シュレッダー」も普及したことから類推して、近い将来3Dプリンタにも3Dのシュレッダーが必要になるのではないかと推論したのです。

3Dプリンタの材料である樹脂、ABS（化学的には、アクリロニトリル・ブタジエン・スチレンの重合）やPLA（ポリ乳酸）は、溶かして成型しなおせば、ある程度再利用が可能です。3Dシュレッダーで細かく砕いたプラスチックの粒を、「フィラメント製作機」に入れ、高熱で温めながらゆっくりと押し出す。それによって、3Dプリンタのフィラメントに再生することができます。その過程で、好きな粉末やインクを混ぜてもよいのです。それが自宅でできれば、ものをつくるだけでなく、つくって、戻し、再循環させる環境が実現します。

このプロセスを、2次元のインクジェットプリンタ

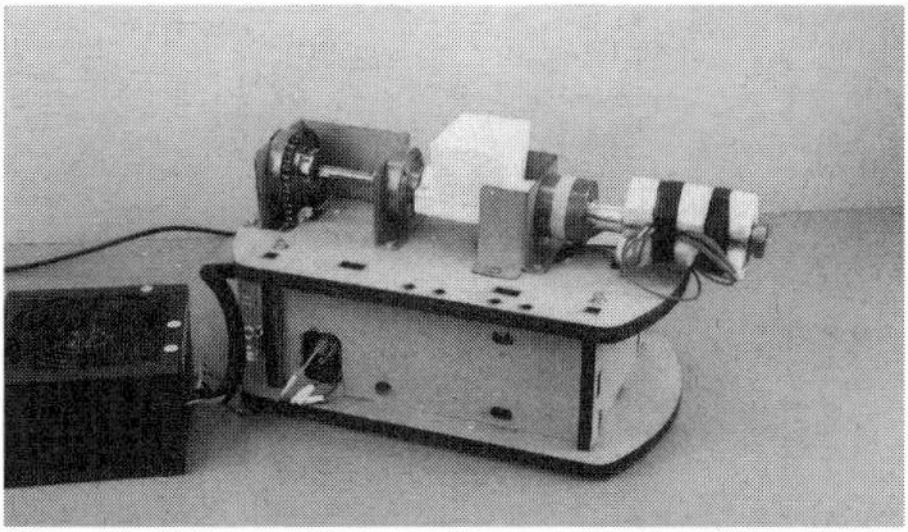

図4-1　3Dプリンタのフィラメント再生機。増田恒夫さんによって開発が進められている（慶應義塾大学田中浩也研究室）

で喩えるならば、印刷済みのプリンタ用紙を、「シュレッダー」にかけて細かく切り、それを水に浸して「紙すき」の要領で再び固め、紙まで戻して再利用しているようなものです。いまはまだ基礎実験の段階ですが、ペットボトルなども3Dプリンタの材料として再利用できたら、環境問題に対する試みとしても好ましいのではないかと考え、研究を進めています。

溶けて自然に還っていく材料

第1章でも述べましたが、現時点で手に入る家庭用3Dプリンタには、すでに「親環境的」といえる仕組みがひとつ組み込まれています。

3Dプリンタでは材料として植物由来のPLA（生分解性プラスチック）が一般的に利用できるのですが、これはでんぷんからつくられます。そして、肥沃な土に生息する微生物がある条件下で分解し、自然界に戻してくれる天然素材でもあります。だから、3Dプリンタでつくられた「もの」――たとえば、玩具や靴、食器、文具などの日用品――は、それが使われなくなったとき、肥沃な畑などに埋めて適切な温度に設定さえできれば「溶けて」自然に還っていく可能性もあるのです。

私の研究室では、そのプロセスをさらに促進するための機械や、「超多孔質3Dプリンティング」といって、細かな穴や孔を前もって空けておく仕組みを開発しています。コンポストなどと組み合わせて、微生物による分解の働きを「さらに」促進しようとする試みです。

3Dプリンタの材料さえも自分でつくりだしてしまうこと、そしてつくったものは植物由来のPLAであればまた自然界にまで戻せること。こうしたプロセスは、工業製品というよりも、まるで「料理のような」ものづくりを連想させるのではないでしょうか。ファブラボで取り組んでいる研究は、人工物を生物のように扱うことであったり、工業を農業のように扱うことと、いつもどこかでつながっているようなのです。

マテリアルは地産地消

いま私の研究室で動いている最新の3Dプリンタは、樹脂だけではなく、お米をはじめとした食材や、植物の入った土など、粘性のあるいろいろな材料を扱うことができる、自分たちでつくった独自の機械です。Fab@Homeからだいぶ進化して、速度や温度を制御することもできるようになり、炊飯器のようなたたずまいを持っています。この機械で、お米を使って、たとえば「食べられる食器」や「道具」「玩具」などをつくることができるようになりました。

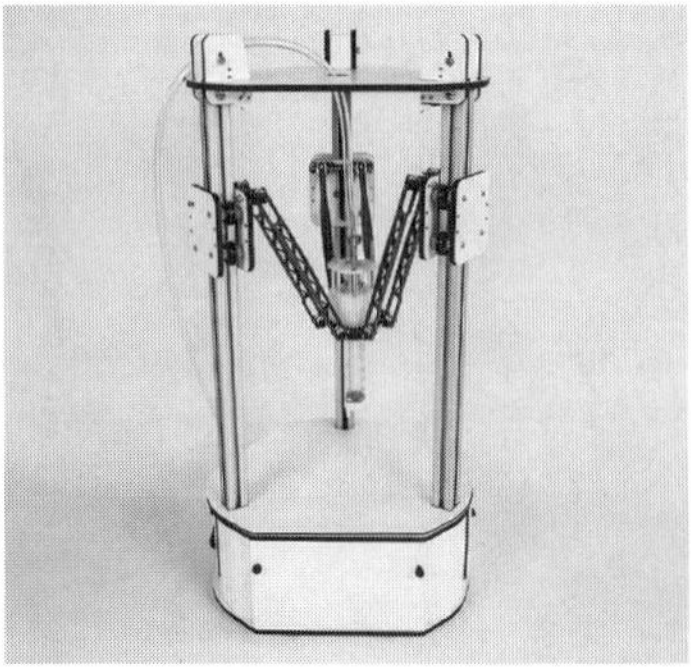

図4-2　渡邊萌果さん、清水茂樹さん、守矢拓海さんらによる「米粉を用いたフード3Dプリンタ」（慶應義塾大学田中浩也研究室）

私たちの研究がこういう展開に行きついたのは、ある信念があったからです。私たちは、デジタル工作機械の一番面白いところは、デジタル情報である「データ」と、さまざまな特性をもった「マテリアル」の二つの多様な組み合わせや掛け合わせを実験できることにある、と当初から考えていました。この二つが交わる瞬間が興味深いのは、それぞれが違う範囲に、違う方法で流通していたものが、突然「出会う」かのような意外性があるからです。

3Dプリンタにせよ、レーザーカッターにせよ、デジタル工作機械では、まず「データ」が必要であることはよく指摘されています。そのデジタルなデータは、モデリングしたり、スキャンしたり、あるいはインターネット上に公開されていたり、メールで送られてくるなど、国境を越えて地球上をグローバルに流通することができる「情報」です。

しかし一方、ものをつくるのにはデータだけでなく「マテリアル」が必要です。そのマテリアルは、データとは逆に、できるだけ、地域のものを地域で使おうとする考えを持っているのです。食の分野でもよくいわれる「地産地消」、足元の資源を見つめ直そうとする考え方です。そもそも、素材や材料はデジタルデータのように軽々と流通しません。他国から輸入したり輸送する過程で、大量のCO_2を排出しています。環境の問題を考えるならば、できるだけ近くのものを近くで使うことに合理性があります。

情報であるデータやアイデアをグローバルに流通させるという「大きな」循環と、物質であるマテリアルをローカルに活用するという「小さな」循環、その二つの異なる系を、デジタル工作機械の上で出会わせ、結び付けよう、というのが、私たちが持っている世界観です。一見対極にありそうな二つの価値観を「共存」させ、接続することは、ファブラボの真骨頂なのではないかと思うのです。

結果として、同じデジタルデータからでも、地域によって少しずつ異なる地域材料での「物質化」が実現されることになります。この特性は、同じデータで、どの地域でも同じ音楽や映像が再生されているデジタルコンテンツとは異なります。

フジモック・フェス

デジタル工作機械の可能性を資源や環境の視点から捉えるプロジェクトは、「グリーンファブ」という名で呼ばれています。この「グリーンファブ」を現在牽引しているのが、スペインのバルセロナと日本の鎌倉、そしてフィリピンのボホール島などです。バルセロナと鎌倉は、どちらも、特に木工に「国産材の利用」を推進しています。

バルセロナのラボでは、市街地の近隣の森から木を伐採して、建築物を建設するプロジェクトが進められています。このラボはもともと建築系が強く、CNCミリングマシンを使って、4×8板《しはちばん》という規格化されたパネル材をカットし、それらをプラモデルのように組み立てることで、住宅を建築してしまった「ソーラーファブハウス」で話題をさらったラボです。

一方日本では、ファブラボ鎌倉を切り盛りする渡辺ゆうかさんが、静岡県富士市にあるホールアース自然学校と連携して、「FUJIMOCK FES（フジモック・フェス）」という名の半年にわたるプログラムを推進しています。これは、実際に富士の森に入って、きこりの方たちに指導してもらいながら間伐材をカットし、その材料を使ってファブラボで実験しながら木工のプロダクトをつくろうという新たな「木育」の提案です。もちろんそこで得られるのは、「木工のプロダクト」という結果としての「もの」だけではありません。木の生育から乾燥、処理、メンテナンスまで、木にまつわる一連の知識と生の経験なのです。

さらにフィリピンのボホール島ではいま、日本の海外青年協力隊員として滞在しているデザイナーの徳島泰さんが、フィリピン初のファブラボ設立に向けて奮闘しています。彼

図4-3　ファブラボ・バルセロナによる「ソーラーファブハウス」（上）と「ソーラーファブハウスⅡ」（http://www.fablabhouse.com/en/より）

は、街中に大量に捨てられるプラスチック製品（お弁当のふたや、ゴミ袋など）を溶かして、3Dプリンタのフィラメントとして再利用する研究を、私たちと連携して進めています。また、一部食糧になる以外は放置されていることの多い「サゴ椰子」から、生分解性プラスチックをつくる研究も視野に入れています。

こうした「循環型グリーンファブ」の研究ははじまったばかりの段階ですが、これからの重要な方向性のひとつといえそうです。

世界一雄大な3Dプリンタ

各国のファブラボで独自性を持ったプロジェクトが進んでくると、単に市販の3Dプリンタやレーザーカッターを「買ってつかう」だけでは足りなくなってきます。自分たちでオリジナルの工作機械を「つくる」必要のある状況が自然に生まれてきます。その段階に達することを、私たちは「FabLab2.0」と名付けています。

独自の工作機械開発に取り組もうとする必然性のひとつは、やはり地域固有のマテリアルにあります。人間の歴史では過去から、地域のマテリアルに対応するようにして、地域の「道具」がつくられ、「工法」が編みだされてきました。たとえば木の多い国では、「かんな」や「のみ」など多種にわたる繊細な木工具がつくられ、その土地の気候にあわせた

図4-4　Markus Kayserによるサハラ砂漠向けの3Dプリンタ「ソーラーシンタリング」プロジェクト（http://www.markuskayser.com/work/solarsinter/より）

木造建築の工法が開発されてきました。これと同じことを、石の多い国では石について言うことができますし、雪の多い国では雪について言うことができます。**「土着性」から立ち上がる文化が、常に道具や機械にまで反映されてきたのです。**

その土地にあるマテリアルから受け取った発想を、デジタル工作機械の開発にまでつなげていこうとするプロジェクトが「FabLab2.0」のひとつのありかたです。そのなかで、私がいま最も面白いと思っているプロジェクトが、サハラ砂漠を舞台とした「Solar Sintering Project」です。

「Solar Sintering Project」は、サハラ砂漠に満ちる二つの自然要素、「太陽」と「砂」を最大限活用した、独自の３Ｄプリンタをつくろうというプロジェクトです。

通常の3Dプリンタのようにモーターと軸がついた組み立て式の装置ですが、まず電力は太陽電池で生みだしています。

そして、電源とは別に、日光を虫眼鏡で一点に集めて砂に当てる機構がついています。高熱によって砂をいったんガラス質にまで溶かし、再び冷えて固まるプロセスが実現されるのです。このプロセスは「焼結（Sintering）」と呼ばれています。

この装置をパソコンとつないで制御することで、虫眼鏡の傾きをデジタルデータに応じて変えていくことができます。こうして、砂を使って、土器のような、しかしコンピュータならではの複雑さを備えた3次元立体物をつくりだすことができるのです。世界で最も雄大な3Dプリンタのひとつではないかと思います。

オープンソース・エコロジー

工作機械ではありませんが、自作農業機械の設計図をオープンソース化している「オープンソース・エコロジー」というプロジェクトがあります。

このプロジェクトを始めたのは、マルチン・ジャコブスキーという人物で、彼はもともとミズーリ州で自分の農場を始めようとしていました。しかし、農場をつくるために必要な低コストの手段がないことに気づいて、自分でつくろうと決心しました。そして、そこで得た経験をネット上に公開していくことにしたのです。

ウェブサイトに公開されている農業機械の仕組みは、工作機械と非常に近い部分が多くあります。これを改良しながら独自の機械をつくることもできるかもしれません。ただ気をつけなければいけないのは、あくまでここに公開されているのは、ミズーリ州の農作物や農園の規模に合わせてつくられた機械であることです。これらを参考にしつつも、自分たちの地域の作物や規模に合わせた改変を行わなければ、あまり有意味なものにはならなさそうです。

私が農業や園芸のオープンソース化のプロジェクトについて初めて聞いたのは、2006年ごろ、現ＭＩＴメディアラボ所長の伊藤穰一さんの講演会でのことでした。伊藤さんは、ニューヨークのアパートメントで植物を育てる方法をネットで公開している人の日記が面白いよと教えてくれました。見てみると、そこではユニークな植物が、ユニークな方法で栽培されている様子が公開され、オープンソース園芸と名付けられています。

しかしこれが「オープンソース」と銘打たれていることに、当時の私は混乱したものです。当時は、オープンソースといえば、ソフトウェアやコンテンツのように、簡単にコピーできて、どこでも簡単に同じように再現できてしまう、という「デジタル的な考え方」

だけに私の思考が染まりきっていたからです。

一方、農業や園芸の分野でいうオープンソースは、技術を公開しつつも、それが地域固有のノウハウであるという側面が色濃く含まれている点で異なります。そうであるがゆえに、公開情報を利用しようとするフォロワー（追従者）にも、自らそれを地域に合わせて修正したり調整したりする能力、つまり「コピー」ではない、良い意味での「参加と改変」の創造性が求められるのでした。

創造性を挑発する

こうしたいくつかの活動に呼応するように、日本の私たちのラボでも、自分たちの環境で必要とされる、独自のデジタル工作機械をつくろうとする「FabLab2.0」プロジェクトが自然と生まれてきました。ここでいくつかを紹介してみましょう。

ひとつは、自作の卓上ロボットアームです。工場では、組み立て用の大型ロボットアームがラインに沿って並んでおり、そこでは部品が順番に取り付けられたり、運ばれたりしています。そのアームの小型版、20センチほどの小さな机に置けるものをつくってみました。

私たちのプロジェクトのポイントは、「左右二本の腕」を連動させてひとつの作業を協

図4-5　升森敦士さんによる左右２本の手を持つ「デスクトップロボットアーム」（慶應義塾大学田中浩也研究室、オープンソース版はhttp://www.thingiverse.com/thing:175831に公開）

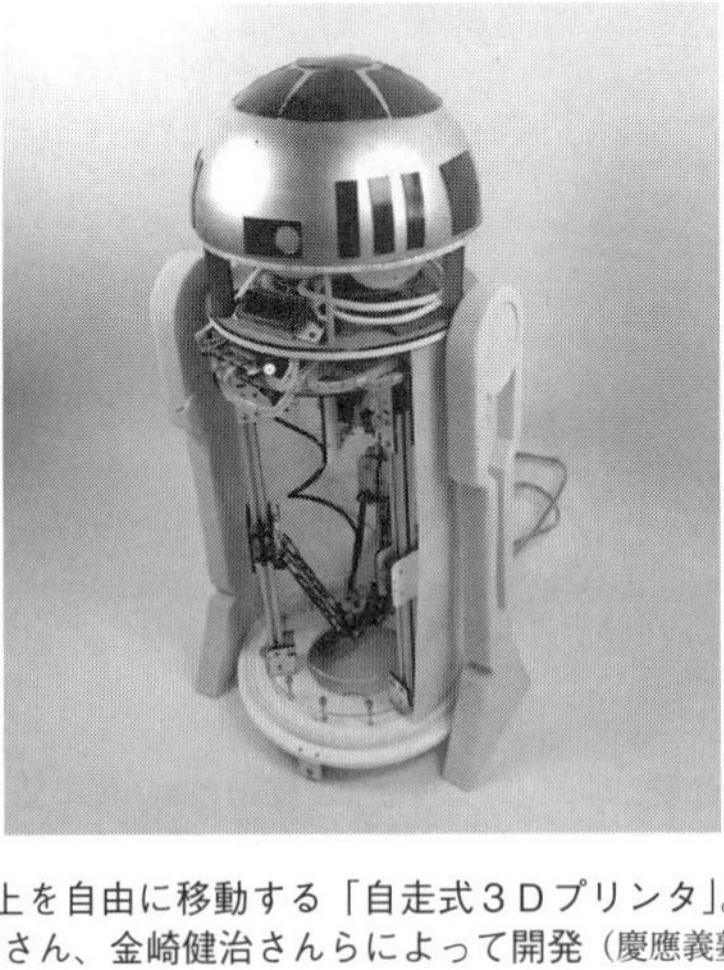

図4-6　床の上を自由に移動する「自走式３Ｄプリンタ」。吉田正人さん、三井正義さん、金崎健治さんらによって開発（慶應義塾大学田中浩也研究室）

調的に行わせる仕組みにあります。私たち人間も、左手と右手という二本の腕を組み合わせて、相互に連動させることで、複雑な作業を実現しています。一方の手では材料を支え、もう一方の手では切り抜く。あるいは、二つの手で編み物をする。ステーキを食べるときにフォークとナイフを用いることも同じ要領です。その原理を採用して、左右二本のアームを使って、卓上でさまざまな加工作業ができるような機械を完成させました。

ふたつめは、自走式の「歩く3Dプリンタ」です。この3Dプリンタには、タイヤがついていて、床の上を前後左右に動くことができます。そして、床の上に直接、樹脂を出力することもできるのです。これは、駅のホームなどにある「点字ブロック」を製作することを想定しながら開発しました。家の中でも、床に滑り止めなどをつくりたい場合に応用できるでしょう。お掃除ロボット「ルンバ」の逆で、床の面を好きな素材で被覆してくれるロボットでもあるのです。

最後に紹介するのが、高さが1メートル20センチほどもある、極端に縦に長くした3Dプリンタです。これは、人間の脚の樹脂モデルや、人型のマネキンを出力することを想定したものでした。最終的には、これを発展させて建築物の柱を建ててみたいとも考えています。

この3Dプリンタを自分たちで開発してはじめて気がついたことがあります。それは、これまでどれだけ、３Ｄプリンタの「大きさ」によって自分たちの想像力に無意識の制約をかけていたかということです。「この大きさなら、このくらいのものしかつくれないな」といつのまにか思ってしまっているのです。これは私たちの想像力にとって大変危険な状態です。しかし、**違った大きさやかたちの機械をつくれれば、違った想像力を私たち自身に要求してきます。創造性が挑発されるのです。**

このプロジェクトはさらに発展して、好きな大きさやプロポーションの３Ｄプリンタを自由につくれるような基本モジュールを開発することに向かってきています。これによって、ようやく制約から本当に自由になることができそうです。新たな発想や創造のツールとしての３Ｄプリンタの可能性が大きく広がっていくのです。

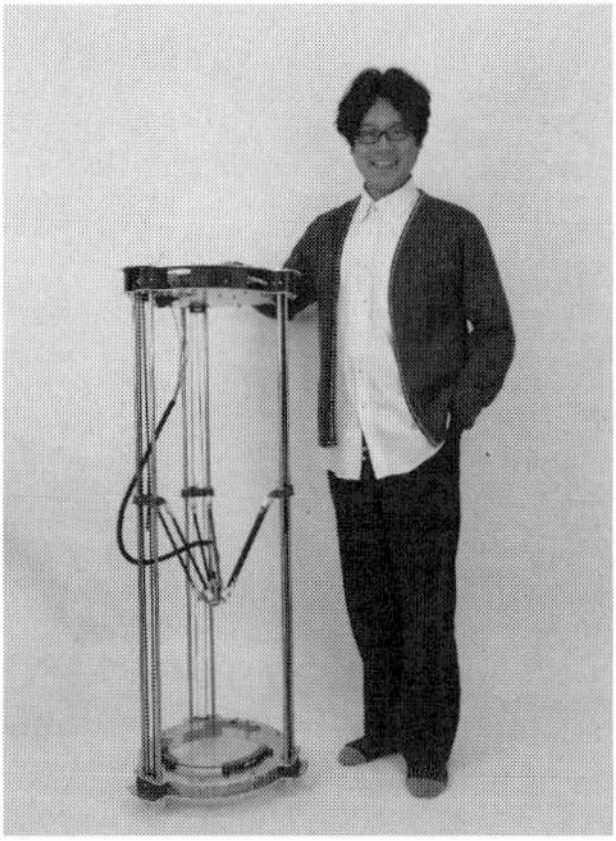

図4-7　1m20cmもある「ロング型」デルタプリンタと筆者。SHC設計の増田恒夫さんが開発

ものづくりとことづくりの一体化

もうひとついま私たちが取り組んでいるシリーズが、「屋外で使う、電気を使わない工作装置」の開発です。電気を使

図4-8　廣瀬悠一さんによる"Manual NC"（慶應義塾大学田中浩也研究室）。2次元の形状データを木の棒に書きこんでおき、それを差し込んで機械をハンドルで回せば、データどおりに絵を描いたり、紙を切ることができる。「電気を使わない」工作機械の研究室最初の作品
（動画はhttp://www.youtube.com/watch?v=sCG3i3RhxTo）

わなくても、人間が動力となって汗をかいて動かせば、工作機械を作動させることができます。

その端緒となったのは、ある日、廣瀬悠一さんがつくってきた電気を使わないマニュアル方式のNCマシンでした。この仕組みはオルゴール（オルガニート）のようなものだと考えてもらえばよいでしょう。通常はコンピュータからUSBケーブルでデジタルデータを送りますが、ここではギザギザのついた木の棒に、物質に刻み込まれた情報としてデジタルデータを書き込んでおきます。その木の棒を差し込んで、ハンドルを回せば、溝に彫り込まれたデータのとおりに軸が平面上を動いて、紙の上に絵を描いたり、紙を切ったりすることができるのです。これがあれば電気が

図4-9　Fab-Xプロジェクト（慶應義塾大学田中浩也研究室）から生まれた「非電化」屋外型工作支援道具の数々（http://fabcity.sfc.keio.ac.jp/fabspace/）

ない場所でも作業ができます。

こんな背景があって、次に私は「横浜という土地性」をテーマとした新しい屋外型工作装置を考えようという課題を出してみました。歴史的な文脈、地形的な特徴、そこに集う人々の年齢層、そうした要素を考えあわせて、「場所に適合的な」新しい道具を考えようとしたのです。

ファブリケーションではどうしても、パーソナル・コンピュータの文脈もあって、「人に対して適合的である」ことが優先されがちですが、一方でまるで建築物のように、「場所に対して適合的である」という視点も大切にしたいと考えたのでした。

この課題からは、歩いて車輪を回すことで縫うことができるスーツケース型の「ミシン」、「アイスクリームをつくることができる自転車」、「絵を描くための遊具」、「ドリンクをつくる装置」、そして「自分の居場所をつくる道具」などが生まれました。どれもが、大小さまざまなギアを噛みあわせた、まるで「からくり時計」のような美しい機構を備えています。これらが動き出すと、まるで屋台のようにも見えます。

こうして、ものをつくることが、まちの中にまで染み出し、そのプロセス自体が大道芸のようになっていくのでした。ものづくりは、ことづくりとも一体化していきます。

自分だけの3Dプリンタをつくる

このように、私たちは地域性や土着性を活かそうという視点から、「FabLab2.0」のプロジェクトを進めてきました。ただ世界の中では、もっとストレートに、ラボを切り盛りする中で直面した問題を克服するために工作機械をつくるプロジェクトも生まれてきています。特に、世界のファブラボでいま増えてきているのが、「一人一台の3Dプリンタをつくろう」というプロジェクトです。

3Dプリンタの利用に関して、ファブラボで直面する問題は、世界中でほぼ共通しています。それは、現時点の3Dプリンタは「出力に時間がかかりすぎる」ことです。

ファブラボは、機材を共同利用するためのシェア工房です。現在のところ、レーザーカッターのような切断系の方式に比べれば、3Dプリンタはあまりに遅い機械なので、利用者の順番待ちになってしまうことが多いのです。一回のプリントに半日ほどかかる場合も多く、それでは機材をシェアしたことになりません。

そこで、ネット上に公開されている「オープンソース・ハードウェア」の3Dプリンタ――「Fab@Home」や「RepRap」等――を、ひとりひとつずつ、自分専用のものをつくってみようとするワークショップが、多く開催される状況になってきました。スペインのバルセロナ、インドのハイデラバード、そして日本の横浜や山形でもそうした取り組みが行われています。

2013年11月、私はその現場のひとつである、台湾の台北市を訪れました。住宅街の一角にある、こぢんまりとしたファブラボ「FabLab Taipei」の地下室では、十人ほどの参加者が「自分の」3Dプリンタを組み立てていました。週一度くらい集まって、ファブラボにあるレーザーカッターを共同で使いながら、お互いに情報交換を行い、何週間かをかけて完成させていくといいます。ファブラボでの作業が終わったら、各自が自宅に持ち帰って作業を続けることもあるそうです。個人用ですから、ある人は大きい3Dプリンタを、ある人は小さな3Dプリンタを、ある人は折り畳みができるものを、それぞれ自分の用途に合わせてつくっていました。

この様子を見ていて、私が比喩として思い出したのが、音楽のレンタルスタジオのことです。ドラムやピアノのような中型の機材は、据え置きで、みんなで共同利用しますが、一方で、ギターやベースなど持ち運べる楽器は通常、各自が自分所有のものを持ってスタジオに集まってきます。なんだか似ている気がします。

デジタル工作機械と一言でいっても、その利用範囲、速度、扱いやすさ、運びやすさ、壊れやすさなどはそれぞれ異なります。実際に社会で「運用」するなかでこそ、そうした差異や特徴が、具体的によく見えるようになってきます。現在の3Dプリンタが時間がかかり過ぎてシェアには向かないことも、こうした現場なくしてはリアルに感じることはできなかったことでしょう。

現実的な問題を、きちんと使ってみることを通して発見するのも、ファブラボの役割のひとつです。そして、見つかった問題点を、次の活動のテーマと捉えて、それをアクションにつなげていくわけです。自分たちの問題を自分たちで発展的に解決していくのも、大切な「問題解決型エンジニアリング」です。

ファブラボが単なる「市民工房」ではなく「実験的な」という形容詞をつけて呼ばれる理由は、こうした常に進化し続ける、現在進行形の実践があるからです。失敗を認めてそれを活かすこと。「3Dプリンタを使う」だけではなく、「自分だけの3Dプリンタをつくる」という活動が発生するのは、そのひとつの象徴的な出来事でしょう。

スマートシティズン・スターター・キット

２０１４年現在、いくつものラボが協働して行われている国際プロジェクトのうち最新のものが「スマートシティズン・スターター・キット」です。ファブラボが設置されているまちのうちいくつかでは、「スマートシティ」に関する取り組みとの連携が進められています。

図4-10　ファブラボ・バルセロナによるスマートシティズン・スターター・キット（http://www.iaac.net/events/citizen-sensors-fablab-barcelona-iaac-launches-a-new-crowdfunding-campaign-for-smart-citizens-269より）

「スマートシティ」という言葉の定義には、いくつかの説がありますが、ここでは「最新技術を駆使してエネルギー効率を高め、省資源化を徹底した、環境配慮型のまちづくり」としておきましょう。そして、コンパクトながら創造性の高い、人口２００万人前後の都市に、アーティストやクリエイターが集まろうとしている世界の流れとも符合します。その代表例が、アムステルダム、バルセロナ、コペンハーゲン、そして日本では横浜や福岡、仙台、神戸などです。こうしたまちに、環境の状態を細かく測るセンサキットを導入しようとするのがこのプロジェクトです。

センサキットは、インターネットへの通信機能を持ったデジタル計測装置で、特にファブラボでは自分で組み立てるものが奨励されます。消費電力を測るもの、温度や湿度を測るもの、空気中の炭素濃度を測るもの、農作物の状況を測るもの、ゴミの重量を測るものなど、測る対象はある程度自由に決められます。

それぞれが自分でキットを組み立てて細かな情報を測り、リアルタイムにサーバに全部を集めることができれば、これまで見えなかった地域全体の環境の様子が「可視化」されます。これを見ることによって人の行動が変わるかもしれませんし、さらに制御機器を連携させていけば、まち全体のエネルギー配分効率を高めたり、ゴミ処理を最適化することなどが実現できそうです。

このプロセスでやはり重要なのが、市民が自らキットを組み立てながら、システムに参加しようとすることです。自分たちの地域のシステムに対して、単なる「ユーザー（使用者）」としてではなく、「参加者」となって能動的に参加していくこと、そのプロセス自体に価値を生もうとしているのです。

学習プロセスを経て、市民そのものも「スマートシティズン」へと成長していくことで、はじめて「スマートな」都市とその利用主体へと全体が変わっていくことができると考えられているのです。このようなプロジェクトには、業界を超えて、たくさんの自治体、大学、企業、市民が参加しています。

ファブラボは、トップダウンからボトムアップまで、さまざまな立場からスマートシティズン・プロジェクトへ参加するための中間で結節点の役割を果たしています。センサキットの設計図をオープンソース・ハードウェアとして公開することはもちろん、それらを市民が組み立てて自宅に持ち帰り、取り付けるまでの一連のワークショップを企画して補助したりもしています。市民の側も、それを通じて機器の仕組みや情報の流れを学習することを楽しんでいます。

このスマートシティズン・センサキット独自のiPhoneアプリも、ファブラボ・バルセロナで開発されました。アプリを開けば、まち全体の地図のうえにセンサが取り付けられた場所が点で示され、リアルタイムに、環境の動態や電力の消費が動きながら視覚化されていきます。

都市型ファブラボはまちのシンクタンク？

小型の電子回路はファブラボでつくられる最も小さいものですが、それがオープンソースとなり、市民ひとりひとりがつくりだすことで増えていって、**まち全体にインストール**

されてネットワークにつながるようにまでなれば、システムは「地域全体」「都市全体」を自然に包みこむようになります。そして全体の情報を可視化して、共有できるようになります。これが**「地域（都市）情報システム」**です。

地産地消のマテリアル、循環する素材や資材、農業と工業、グリーンファブ、オープンソースの知恵、FabLab2.0、スマートシティズン、この章で紹介した事例は、一見バラバラに見えるかもしれませんが、環境や資源、地域性や持続可能性をテーマとした、ファブラボのプロジェクトという共通項があります。これらは総じて、**「インターネット時代の環境技術」**とまとめることができます。

解釈に幅があることを心配して、本書では「エコロジー」という単語はあえて避けてきました。ただ、ここに示したような数々の「環境技術」が、1960年代のバックミンスター・フラーの「宇宙船地球号」、ヴィクター・パパネックの「生き延びるためのデザイン」、イヴァン・イリイチの「コンヴィヴィアリティのための道具」、スチュワート・ブランドの「ホール・アース・カタログ」などのマインドを現代的に引き継いだものであることは指摘しておいてもよいでしょう。

あいにく、ひとつひとつを詳述するために紙幅を割くことはできませんが、見えない糸でつながった思想的系譜は確実に存在します。その時代の精神はインターネットの時代を経て、オープンソース・ハードウェアの登場によって再び、「物質文明」の新しいかたちを考えるところまで、いま戻ってきているのです。

私個人は、これからの環境技術の鍵は、高速でグローバルな「情報」と、ゆっくりとしてローカルな「物質（資源）」という、時間も空間も性質も異なる二つの要素をいかにして人間スケールに組み合わせるか、という点にあると考えています。Suicaの中にも入っているＲＦＩＤ（無線ＩＤ）タグを、日常のあらゆるものの中に埋め込んだり、ＧＰＳで場所を把握したりしながら、「物質」の移動を追跡（トレース）しようとする技術もますます進展しています。もののインターネット（インターネット・オブ・シングス）の時代には、私たち自身の物質的活動の大局を見ることができるようになるでしょう。

ものが欠乏して困っている国のファブラボとは異なり、ものが多くて困っている国のファブラボでは、「本当に必要とするもの」をパーソナルにつくっていくと同時に、逆に「本当は必要のなかったもの」を減らしていったり、循環させたり、融通させたり、という次なる役割が求められてきています。使われなくなったものに新たな価値を吹き込むのもファブラボの大きな役割です。

最終的には、生産、消費、分解の三つを循環させるシステムを、私たちひとりひとりが目に見えるかたちで再構築することが、現在の都市的実践として最も重要であると思われます。それを切り盛りする都市型ファブラボは、まちのシンクタンクのような機能を担うことになるでしょう。

ここで大切なのは、**「パーソナル」であると同時に「ソーシャル」であると**いう視点です。ここでの「ソーシャル」は、「社交」や「人のつながり」を意味する「ソーシャル・ネットワーク」のそれとは少し違って、「社会問題」や「自分たちごとの現実」というニュアンスで使われるものです。自分たちの社会を、自分たち自身でハンドリングする技術。そうしたマネジメント意識までもが、ファブラボから新たに生まれることが望まれるのです。

第5章　「ものづくり」とFAB——工場から工房へ

「ものづくり」の栄光と現実

本書もようやく中間・折り返し地点までやってきました。ここまで前半では、「ファブリケーション」を、メディア（第2章）、パソコン（第3章）、環境（第4章）という三つの視点からそれぞれ切り取り、エピソードを交えながら、その意味と可能性を探ってきました。前半の内容から、「FAB」の要点を仮にまとめておくとすれば、**「情報技術」と「環境技術」という二つの視点に立脚した、あたらしい「つくりかた」の提案**である、といえるでしょう。これまで紹介してきたファブラボのプロジェクトには、既にそのビジョンが色濃く表れていると思います。

さて実は、本書の前半で、意識してあまり使わないように避けてきたキーワードがあります。それは「ものづくり」です。

「ものづくり」という言葉は、素直に取れば、「人がものをつくること」、すなわち英語の「MAKE」だと思われます。私もずっとそのように思って無邪気に使っていました。しかしファブラボの活動を通してさまざまな人々と会う中で、日本語の「ものづくり」には、そうした「単純な」意味だけではない、より深い文脈や精神性、特殊なニュアンスが重ねられていることを知ることになりました。

日本語の「ものづくり」、それは日本における製造業（の成功）と、その精神性や歴史を表す言葉とされています。日本には「ものづくり基盤技術振興基本法」という法律があって、製造業こそが日本の基幹的な産業であることが謳われています。職人の匠の技や、町工場での高い技術を持った製造、そして「工業立国」の過去の栄光のイメージが込められています。ここでいう「ものづくり」は、つまり「高度なマニュファクチャリング(Manufacturing)」であり、それを支える人々です。

確かに、世界各国を見て回ると、日本の製造業の素晴らしさを感じます。ある米国人は、「"MONODUKURI"は、単にものだけをつくっているんじゃないんだ。たとえ工場であっても、ものに気持ちや思いを込めることが"MONODUKURI"だって教わったよ」と私に話してくれたことがあります。国内で実際に工場に訪問して現場での創意工夫などを伺っていると、その厚みに感嘆の念を覚えざるを得ません。私はそのことを全く否定したくありません。

しかし一方で、そのことを特権化し、崇拝し、依存しすぎるがあまり、その逆にはまったく「もの」をつくらない、生まれてから何もつくったことがない、という人々が大量に育ってきていることを肌で感じています。

あるいは、「もの」をつくることをブルーカラーの労働として低くみなし、デスクワークしかしなくなったホワイトカラーからは、面白い企画が出にくくなっている現状にも問題を感じています。時には、ものづくりの現場さえも、効率追求のために極度に専門分化されており、プロセス全体を総合的に把握している人が、ごくごく一部しか存在しなくなっています。そのため、ＳＦのようなストーリー性に溢れた魅力的なプロジェクトが減りつつあるのです。

「つくる」と「つかう」の極端な分断

あるとき、「大量生産」という言葉を投げかけて、どんな風景をイメージしますか、という簡単な質問をしてみたことがあります。

その結果、ほとんどの人はスーパーマーケットと答えていました。つまり、大量に「ものをつくる」工場の現場ではなく、大量に「ものが売られている場所」、消費のイメージが、その場合での大量生産なのでした。確かに、工場の内部は、小学校の社会科か、観光地での見学会くらいしか普通の人が目にする機会がありません。

問題はつまり、この、つくる立場とつかう立場の、極端な「非対称性」だと気がついたのです。消費が一概に悪ではありませんが、しかしそれだけを加速していれば、社会全体の創造力は衰退していきます。ホワイトカラーとブルーカラーが完全に分かれてしまっている組織構造も、何か重要なものを失っていくように感じるのです。

素朴な話としても、中身の分からないブラックボックス的な工業製品に囲まれて過ごしていることが、無意識のうちに、人間の不安や自己不信を増幅させ、そして使い手本人の自律性、自信を持ちにくくしているのではないかと思うことがあります。その結果が、たとえば、ものが壊れても、自分でまったく修理ができないという現状に行きつきます。仕組みが分からないから、便利だけど愛着もわかず、すぐに捨ててしまう。つまり維持ができなくなってゆくのです。

そうした見えない問題が積み重なって、社会全体の創造力が静かに沈下していく感覚を持つのは私だけでしょうか。そのしわ寄せが最後に吹きだまるのが、「大量破棄」の状況であるように見えます。

さて一方、英語の「MAKE」には、自分の手を汚して、ものをいじり、壊しながらつくり、失敗も許容しながら、試行錯誤を進めていくというニュアンスが宿っています。欧米の一軒家には、屋根裏やガレージがあり、多くの人がそこで自動車や自転車のメンテナンスや、自宅の電気製品の修理などに勤しんでいます。その経験は、ものを単に「つくる」だけではなく、ものを「全体的に把握していく」、「愛着を持って維持していく」というプロセス自体にも価値を見出しているものです。ものを「総合的に分かる」という実感こそが大事にされている感覚なのです。

そうしたニュアンスが、日本で「ものづくり」という言葉にからめとられると、なかなか伝えにくいというのが実感です。加工の精度や「技」ばかりがやたらとクローズアップされて、肝心の部分が隠されてしまうからです。「ファブリケーション（こしらえる）」において、私が言いたいのは、まず手を動かし、「経験してみることの価値」の復権に他なりません。

3Dプリンタはものづくりにどんな影響を与えるか

3Dプリンタやレーザーカッターといったデジタル工作機械がメディアに登場しはじめてから、「ものづくり＝日本の製造業」との関係が日々議論されるようになりました。一方では、こうした工作機械こそが製造業を「復権」すると期待されており、また一方では、たとえば金属用の3Dプリンタが登場しはじめると、逆に日本の金型産業が滅びてしまうのではないか、といった懸念が表明されています。簡単には答えの出せない、ジレンマの多い議論です。そのため本書の前半では、情報技術と環境技術という視点を軸に論を進め、「ものづくり」という言葉を使うことを極力保留するように意識してきました。

しかし本書でこのテーマを避けるわけにはいきません。この章から本書の後半では、情報技術と環境技術に根を張る新しいつくりかたである「ファブリケーション」が、過去から続いてきた私たちの「ものづくり」に、どのような影響を与え、どのような化学反応を起こすのか、そして未来はどうなるのかを、私なりに考えていきたいと思います。

そこで一つの補助として、メディア論者であるマーシャル・マクルーハンによる「テトラッド」と呼ばれるフレームワークを導き手として取り上げてみたいと思います。「テトラッド」とは次のような4象限の図式です。

衰退（Obsolesce）：このメディアは何を廃れさせ、何に取って代わるのか？
回復（Retrieve）：このメディアはかつて廃れてしまった何を回復するのか？
強化（Enhance）：このメディアは何を強化し、強調するのか？
転化（Reverse）：このメディアは極限まで推し進められたとき、何を生み出し、何に転じるのか？

マーシャル・マクルーハンはすでに紹介したように、自動車のような乗り物から映画まで、あらゆる技術は、人間の身体の拡張であり、同時に感覚に変容をもたらすメディアなのだと述べたユニークなメディア論者です。そしてそのマクルーハンが提示したこの図式こそが、ひとつのメディアの可能性を深く「探査《プローブ》」するためのツールなのです。この四つ

強化（Enhance） このメディアは何を強化し強調するのか？	**衰退**（Obsolesce） このメディアは何を廃れさせ何に取って代わるのか？
回復（Retrieve） このメディアはかつて廃れてしまった何を回復するのか？	**転化**（Reverse） このメディアは極限まで推し進められたとき何を生み出し何に転じるのか？

図5-1　マクルーハンの４象限

の問いを「投げてみる」ことによって、その本質を浮き彫りにすることができる、と彼は述べています。

本書でこの図式を援用したいと考えた理由のひとつは、3Dプリンタをはじめとするファブリケーション技術がものづくりにもたらす影響は、ともかくにも一面的ではなく、多面的なものだという大前提をまず共有しておきたかったからです。この図式は、物事の多面的な影響を、表や裏、真と逆・裏・対偶のように、多面的なままに生け捕り、批評的な構えをつくるのに有効なツールのひとつだと言えます。その前提を共有したうえで、この図式に「ファブリケーション」という言葉を代入して、考察してみることにしましょう。

この議論は、章を二つに分けます。本章では、四つの象限のうち「衰退」と「回復」をまとめて扱います。これらは、主に過去から起こってきた事柄への影響を考えることだからです。「強化」と「転化」は、逆に、未来への飛躍を含む内容を多く扱いますので、次章でまとめて扱うことにします。

手作業を衰退させる？

ではまず「衰退」について考察するところから始めましょう。ファブリケーションは何を廃れさせ、何に取って代わるものなのでしょうか。

「デジタル」とつく技術が何かを「衰退させる」といったとき、通常一番先に槍玉にあがりやすいのが「人の手わざ」ではないでしょうか。「デジタル化」は、手作業の敵として捉えられることが未だに多くあります。しかし、ファブリケーション技術は、本当に人が手でものをつくることを衰退させてしまうのでしょうか。

私は2011年の4月に、渡辺ゆうかさんらとともに「ファブラボ鎌倉」を設立しました。鎌倉という場所を選んだ理由はいくつかありますが、そのひとつが、「クラフト（手仕事）」と「ファブリケーション」の、対立的ではない、補完的な関係を考えてみたかったからでした。どちらかがどちらかを滅ぼすといった単純で安易な関係ではなく、むしろ相互に影響を与えあうことで共進化しうる可能性があることを、実践を通じて見つけ出したいと思っていました。

その後ファブラボ鎌倉には、土地柄もあって、クラフトとファブリケーションの融合領域に関心を寄せる若いクリエイターが集まるようになりました。そこで何が起こったでしょうか。具体的な事例をいくつか挙げてみます。

革職人のKULUSKAさんは、ファブラボでレーザーカッターを見て以来、デジタルと手作業の融合可能性を探求したいと考えて、自らソフトウェアの使いかたを覚え、デジタルデータの作成法に習熟してきた方です。そして、レーザーカッターを使って革を切り取り、穴を空けるところまでを行い、最後にそれを使用者自身が手で縫い付けることで完成する、革製品の「プラモデル」のような作品を発表しはじめました。

私が特に注目したいのは、ソフトウェア開発者とコラボレーションしながら進めている、さまざまに寸法やかたちを変えることのできるスリッパやランドセルのプロジェクトです。

スリッパもランドセルも、大量生産品であれば、違う身長や足の大きさの人であっても、同じ大きさのものを一律に供給するしかありませんでした。しかし、デジタルデータでつくり、寸法を可変にしておけば、さまざまな場合に対応することができます。たとえば、足にギプスをしている入院中の患者さん向けの大きなスリッパや、体がまだ小さな小学校一年生のための体にぴったり合ったランドセルなどは、こうしたつくりかたが当てはまる、良い事例となっています。

そして、ＫＵＬＵＳＫＡさんのスリッパのプロジェクトはいま、オープンソース化されて、アフリカをはじめ、世界のファブラボにも送られて、国際的に展開し始めています。デジタルと手作業が組み合わさったつくりかたを、日本から世界に向けて強く発信してい

図5-2 KULUSKAさんによるスリッパ・ワークショップの様子。ファブラボ鎌倉にて

図5-3 KULUSKAさん監修によるランドセル。好きなサイズに調整して革素材をレーザーカッターで切りだし、筆者自身が手縫いで完成させたもの。ソフトウェアを使えば、好きな縦横比・寸法に変更することもできる

るのです。

乾漆技法と組み合わせる

ときどき鎌倉を訪問してくださる、宮城大学で教鞭を執られる土岐謙次さんは、クラフトとファブリケーションの融合を試みられている日本の代表的なクリエイターです。土岐さんは漆塗りの専門家です。中でもよく扱われる「乾漆《かんしつ》」という技法は、東洋では古来、彫像の制作に用いられてきたものです。

土岐さんの作品では、まず綿布を、接着剤としての漆で何層にも固めて乾漆の平板をつくります。次にその平板をレーザーカッターで切り抜きます。その切り抜いた部品を、さらに仕上げ材としての漆で塗り上げたうえで、組み立てるのです。部品は立体的に連結されて器のような曲面のかたちにまとまっていきます。

部品の形をデザインする際には、GrassHopperというビジュアルプログラミングの環境を使いますが、土岐さんは漆塗り作家でありながらも、なんと自分で自作のスクリプト開発もされるのです。土岐さんはファブラボや渋谷にあるファブカフェなどで、こうした技法を一般にも体験できるようなワークショップを多く開講してくださっています。

素材から出発する

こうしたいくつかの活動を緩やかにつなげているのが、ファブラボ鎌倉の現マネージャーでもある、渡辺ゆうかさんです。渡辺さんはかつて家具デザイナーに弟子入りしていたこともある方です。

渡辺さんは、ファブラボの多面性のうち、「材料のローカルな地産地消」に最も興味関心があると当初から話していました。その関心に基づいて、いま熱心に取り組んでいるのが、富士山の間伐材を用いた木工のプロジェクトです。前の章でも述べましたが、実際に富士山の麓の森に出かけて行って木を切るところから始め、ファブリケーション技術を用いてプロダクトづくりを行う「FUJIMOCK FES」を推進しています。また最近では、木の繊維を使った木糸による布や服、木粉を使った3Dプリンタのフィラメントをつくる研究プロジェクトまで活動が広がってきています。

私が「クラフト」と「ファブリケーション」の交わる現場に居合わせて強く感じることは、このジャンルのクリエイターが**常に「素材」の側から創作を考えている**ことです。各種のファブリケーション機器は造形加工のための機材ですが、どのような素材から出発するかにこそ個性が反映されています。そして、素材そのものを自分でつくり出すことも可能なのです。

これまで、デジタルな世界の創作では、人間が働きかけない限り、何かが動き出すことはありませんでした。画面の上のピクセルや文字が、何もしないでも突然落ちたり動き出したりということはありません。そこに動きを与える方法が、プログラミングであったりアニメーションだったりしたのです。人間が意志を吹き込むことで、コンピュータ上の構築物ははじめて動き始めます。

しかし一方で物質の世界は、人間が介入する以前から、もともと微細に動いています。素材には、膨張したり、反ったり、経年変化したりといった振る舞いが、あらかじめ宿っています。人間が制御する以前に、もともと自然界の法則によって「プログラミング」されているといえるのです。

ファブリケーションは、そうした動きゆく素材の世界に新たな方法で介入していくものです。そこでは、デジタルな操作に習熟しつつも、また同時に、フィジカルな世界の原理を同じくらい熟知する必要があるはずです。そうした意識が「素材」からのクリエイションに滲み出てくるように思うのです。

素材の新しい性質を引き出す

しかし素材から出発しつつも、従来のやり方に甘んじているだけでは面白いものはなかなかつくれません。「デジタル」な方法の特徴を活かした実験を組み合わせることにこそ、ファブラボの真価があります。

「素材」と「加工」のこれまでの常識的な関係を知ったうえであっても、あえてその関係をいったん「断ち切り」、また別の、新しいつなげ方を探ってみること。素材と加工の新しい関係構築に挑戦すること。そうした実験精神がより大切になってくると思うのです。

こうした意識で創作を進めているなかで、素材を加工するというよりも、加工によって素材の新しい性質を引き出す、といった次なる方向が深められてもきました。

図5-4　“Dukta Bending”
超微細切断による木材の材料特性変化

たとえば、レーザーカッターという機械によって、従来よりも遥かに細かく「木」に切り込み線を入れることができます。それを利用して、パターン状の切れ目を入れることで、木であるにもかかわらず、まるでバネのようにぐにゃぐにゃに曲げたり、引っ張ったりすることのできる物性を生みだすことができます。新しい物質の性能自体をつくっていくこと。これが、超精細な加工の技術と素材との新しい関係のひとつなのです。

そこに目をつけた学生のひとりである大嶋泰介さんは、木に切れ込みを入れることで物性がどのように変化するかを事前にコンピュータ上で予測し、その物理特性を計算するためのソフトウェアを開発しはじめました。これによって、好きな「柔らかさ」を実現できる技術に近づいていくのです。

こうして、ソフトウェア開発と職人のスキルが相互に触発し、発想を交換しあうという新しい状況を、ファブラボ鎌倉から生み出すことができました。

ファブリケーションは人の手わざを駆逐しない

素材からのアプローチは、レーザーカッターに留まるものではありません。３Ｄプリンタに関しても同様です。

本書の冒頭に紹介したFab@Homeは、自分でさまざまな材料を調合できる機械でした。Fab@Homeのウェブページでは、エポキシ樹脂、シリコンゴム、ケーキのフロスティング、チーズ、粘土、石工のプラスター、セラミック用の粘土、さらには生きた細胞を混ぜたハイドロゲル溶液までもが使用できる素材として掲載されています。さらにこれ以外にも、ペースト状、ゲル状、スラリー状のさまざまな物体を「自分なりに調合して」使うこともできるのです。

私たちの研究室ではいま、植物の種を含んだ土をプリントしようとする学生の実験などが進められています。「素材からつくる」３Ｄプリントの現場を見ていると、まさに料理のためのキッチンや、絵画の工房の様子を思い出します。どんな素材を、どんな温度で、どんな速度で３Ｄプリントすると、かたちが崩れないでイメージに近いものが出力されるのか。それを愚直に日夜実験しているのです。これがまるで、新しいクラフトの実践のように私の目には映ります。世界ではこれを「デジタルクラフト」などと呼んでいます。

結論として、ここに述べてきたような「マテリアル」の視点がなくならない限りは、ファブリケーションが、手わざのすべてを駆逐することはないのではないかと思うのです。

確かにファブリケーションは「人の手わざ」の一部を機械に置き換えます。しかし同時にそれは**新しい手の可能性を再発見するものでもある**、というのが私の結論です。

そこには当然、緊張関係もあります。しかしそれは、工夫次第で、創造的な良い緊張と呼びうる状態に維持できるものだと考えます。ファブラボ鎌倉での、さまざまなクリエイターの試みが私にそれを教えてくれたのでした。

大量生産の歴史

ここで再びマクルーハンの第一の問いに戻りましょう。「ファブリケーション」が衰退させてしまうものが、クラフトや手わざではないなら、他に何が挙げられるでしょうか。

次に、答えとして挙がりそうなのが、RepRapの開発者エイドリアン・ヴォイヤーが仮想敵として掲げた、「大量生産・大量消費・大量破棄」の工業システムです。これを検討してみましょう。

イギリスで生まれた産業革命は、まず軽工業から始まりました。そして、いまからほぼ200年前、綿織物の機械が登場したことで自分たちの仕事がなくなることを恐れた労働者たちは、工場の機械を破壊する「ラッダイト運動」を起こしました。しかし産業革命は19世紀をかけて軽工業から重工業へと展開し、世界各地へと広がっていきました。

そしてヘンリー・フォードが、アメリカで流れ作業のベルトコンベアに作業員を配置して、自動車の効率的なアセンブリ（組み立て）ラインを確立したのが、いまから100年前、1913年のことです。フォードは、それまで特権階級しか買うことのできない高級品だった自動車を、誰の手にも届く身近なものにしたいと考え、こうした生産システムをつくり出しました。

この背景には、階級に関係なく、等しく同じ品質の良いものを届けようとする時代精神がありました。それは「モダンデザイン」の核となる理想で、その信念とともに大量生産は100年あまり進行してきました。

現在の私たちの生活はその恩恵の上に成り立っています。その基本的な達成の証として、いま成熟国に生きる私たちのほとんどは、生活必需品にはある程度満たされた状況にあります。

しかし一方で、大量生産の帰結としての大量消費と大量破棄（そしてそこから生まれる環境問題）、そしてまた「つくる人」と「つかう人」の極端な分断（そこからくる当事者性や主体性など社会や心理の問題）といった別種の問題がじわじわと進行してもいます。

「ロット数」の壁を超える

「大量生産とは、すべての人が、一定の満足と一定の不満とを同時に抱えるシステムなんだよ」と聞いたことがあります。この一定の満足を与えてくれる側面は維持しつつ、しかし一定の不満を抱えていた部分に対して新たな方法で介入することを可能とするのがファブリケーションだ、という言い方もできるでしょう。

第2章で紹介したように、パソコンやスマートフォンなどの大量生産プロダクトを個人が自由にカスタマイズできるような可能性は広がってきています。そして、企業の側も、従来よりは緩やかに、カスタマイズやパーソナライズを奨励するような仕組みをつくりはじめています。

しかしここで「ユーザーによる量産品のカスタマイズ」と「パーソナル・ファブリケーション」のあいだには慎重に線を引いて区別しておいたほうがいいかもしれません。「パーソナル」の解釈はいくつかありますが、その大切な含意は、個人の内発性や願望をもとに、これまでは「ロット数」の壁に阻まれて実現することがなかった、ニッチだけどもユニークな、無数のモノを実現していこう、という「発明志向」にあるからです。

日本では2013年に、クリス・アンダーソンの『MAKERS——21世紀の産業革命が始まる』がずいぶんと話題になりました。クリスが描いているのはまさに、ファブリケーション技術が普及することによって、個人や少人数のチームでも、ユニークでニッチなアイデアをカタチにして、それを商品として販売できるような世界です。これを個人メイカーと呼び、大企業（メーカー）と区別して呼んでいます。

個人メイカーの活動は、ベンチャービジネスとしては「ハードウェア・スタートアップ」と呼ばれています。クリスの本で描かれているような「ハードウェア・スタートアップ・ベンチャー」は実際、日本からも続々と生まれつつあります。車椅子から始まるパーソナルモビリティをテーマに、日本のエンジニア力とデザイン力を組み合わせた「移動体《ヴィークル》」を提案した「WHILL」など、いきいきとしたモノづくりを行い、個性的なストーリーを編み、社会の抱える問題を解決し、そして世界でも活躍できるベンチャーが育ってきています。

しかしこれが従来の大量生産や製造業をすべて駆逐してしまうのかといえば、そういう短絡的なことではありません。クリス自身、その著書の最後では次のように述べています。


ゼネラルモーターズやゼネラル・エレクトリックが消えてなくなるわけではない。ウェブが普及してもAT&TやBTがなくならなかったのと同じことだ。「ロングテール」が示すように、新しい時代とは、大ヒット《ブロックバスター》作がなくなる時代ではなく、大ヒット作による独占が終わる時代なのだ。もの作りにも同じことがいえる。ただ、「より多く」なるというだけなのだ。より多くの人が、より多くの場所で、より多くの小さなニッチに注目し、より多くのイノベーションを起こす。そんな新製品——目の肥えた消費者のために数千個単位で作られるニッチな商品——は、集合として工業経済を根本から変える。五〇万人の従業員が大量生産品を製造するフォックスコン一社につき、ほんの少量のニッチ商品を製造する新しい企業が数千社は生まれるだろう。そうした企業の総和が、もの作りの世界を再形成することになるはずだ。

ようこそ、モノのロングテールへ。

ところで大量生産を長く支えてきたのは町工場です。しかし最近、ハードウェア・スタートアップの試作にも、町工場が大きく貢献しています。あるいは、町工場自身がスタートアップになる事例も生まれています。

私は、ファブラボでは扱えないような少量から中量の試作や、主に金属加工の場所として町工場が開かれていくことに期待があります。デザインと製造技術、ITと製造技術、プログラミングと製造技術などを新たにかけあわせていく「実験場」として町工場が次なる役割を担っていくことが、いま日本で望まれる方向性のひとつだと考えています。

大量生産の根源的問題

話を大量生産に戻せば、結果的に、多くの人に必要とされるものを多くつくり、それによって値段を下げ、多くの人が購入して使用できるようになること、それ自体は理に適《かな》ったことです。そもそも、今読まれているこの書籍が、大量生産品のひとつなのですから、これを書いている張本人である私は、このシステムを否定できる立場にありません。

ただし、書籍であれば書かれた知識は読み手に伝わり、読み手のなかで知識を再生産することに、程度の差はあれ寄与できるでしょう。何人かはその内容を友人に話したり、ブログで感想を書くかもしれません。こうして「知識の再生産」がなされていきます。これが可能となるのは、すべての人が、文字を「読むこと」と「書くこと」の両方をある程度身につけているからです。

では一方、「もの」はどうでしょう。生産者から消費者へと渡ったあと、今度は「つかう」なかから、新たに「つくる」ためのアイデアや知識が再生産されているでしょうか。これまでは、「つくる人」と「つかう人」が極端に分断されていることで、アイデアや知識がうまく連結せずに、再生産が起きにくかったのではないでしょうか。

この「断絶」こそが、問題として指摘されるべき根源であると思うのです。私は、「つかっている」人のもとで生まれる発想や知識が、次に「つくる」行為になっていく方法について考えたいと思います。

これまで技術はブラックボックス化されてきました。技術のブラックボックス化によって私たちが得た便益は、**「知識がなくても高度な製品を使える」**ことでしたが、いままさにこの弊害こそが社会を封じ込めています。知識がないがゆえに、製品を本当の意味で理解し使用し、修理し、改造し、好奇心を持って維持していくことができないのです。人間は果たして、仕組みの分からないものを本当の意味で愛着を持って大切に扱うことができるでしょうか。

このようなことから、いまファブリケーションが乗り越えていこうとしているのは、「もの（づくり）の知識が連結しない社会」と結論づけておきたいと思います。

これまでの「広告」では、使い勝手と購入動機の刺激の視点のみから、ものの機能やサービスの情報が流通して氾濫していました。ものが、どういう仕組みで、どういうふうにつくられ、どういうふうに成り立っているのか、そして肝心の「つくり手」の知識や思いは流通することなく、そこで生産や共感の連鎖が途切れてしまっています。ファブリケーションはむしろ、つくることの濃密なストーリーを社会の前面に押し出すためのものであってほしいと私は思っています。

モノから発想が生まれる

現代が「もの（づくり）の知識が連結しない社会」だとするならば、その状況を打破するひとつの方法は、フットワーク軽くさまざまな「つくる場所」を自ら訪ね歩くことかもしれません。ものづくりのストーリーを編むための要素は、現在、社会のなかで断片化して散らばってしまっています。いくつかの場所を自らの足で訪ね実際に見聞きすることではじめて、他の誰かのつくった二次情報ではなく、生の一次情報に触れ、それを組み合わせることができるのです。

第2章の最後で「ものを読む」ワークショップについて少しだけ触れました。実はその発端となったのは、2013年の夏のある日、群馬県前橋にある株式会社ナカダイの工場に出向いたときのことでした。

ナカダイは、一日50トンを超える廃棄物の丁寧な分別作業を行っており、リサイクル率95％を超す廃棄物処分業者です。その廃棄物処分場の一角に、「モノ：ファクトリー」という新しい施設が存在します。そこにあるマテリアルライブラリーには、廃棄物がジャンルごとに丁寧に分別され、もともとは何だったかという〝マテリアルプロフィール〟と一緒に並べてあります。自由に選んで工作したり、解体を経験できるワークショップや、つくられた作品を販売するショップなども併設されています。

代表の中台澄之さんは、ここに集まってきている廃棄物が、家庭から捨てられたもの、工場から捨てられたものに加えて、工場で製作されたにもかかわらず、基準の精度に満たなかったために製品化の前にＮＧとなったものや、店舗から在庫処分になったものなど、実に多種多様な由来を持つ何かであることを丁寧に教えてくれました。

そして**「発想はモノから生まれる」**というコンセプトを熱く語ってくれました。私たちは身のまわりにあるモノから常に「機能やサービス」という便益を得ていますが、モノそのものから「発想」を得るということを考えたことがあったでしょうか。

この「発想」を最大限生むために、私は、なるべく解体される前の、原形が分かる製品を中心として、「ものを読む」ワークショップを開催させてほしいとお願いしました。参加者に、自由にものを手にとって「分解」してもらい、その仕組みや成り立ちを理解してもらったうえで、他の何かへと改造していくプロセスを経験してもらうことができたらと考えたのです。

「壊すこと（戻すこと）」と「組み立てること（つくること）」を相互に行き来できるような可逆的なプロセスこそが、「モノそのものを把握する」ためには必要不可欠であって、それが私にとって「デジタル」を比喩的に解釈した創作プロセスなのです。どういうことでしょうか。

「デジタル」なコンピュータの上では、私たちは日常的にアンドゥ（ひとつ前に戻ること）やリドゥ（再び先に進むこと）を行っています。しかし、物質ではあまりそのようなことを経験しません。時間を前後にどちらにでも進めるという感覚を物質にも適用して、「ものの成り立ちを完全に把握する」ような行為に結び付けてみたいと考えたのでした。

しばらくたって、中台さんから送付していただいた廃棄物には、昔懐かしい黒電話、タイプライター、スキーからファミコン、そしてなんと、使われなくなった巨大な信号機まで多種多様なものが含まれていました。それらは分解され、「ものを読む」材料になり、さらに「自作楽器をつくる」ワークショップの素材にもなりました。多種多様な「改造楽器」へとかたちを変えられたそれらは、不思議な魅力を放つオブジェクトになりました。

こうしたワークショップを通じて、ものから機能の便益ではなくて発想と創造力を得ること、そして分解、修理、改造に潜む創造性について、さらに考えたい気持ちが高まってきました。

図5-5　既製品を解体して別の楽器につくりかえる「オープンリソース・インストゥルメント・ワークショップ」の作品例。第9回世界ファブラボ会議にて城一裕さんをリーダーに開催（写真撮影：杉山豪介〔Gottingham〕）

破棄から再創造へ

インドネシアのジョグジャカルタや、インドのプネーにあるファブラボに訪問した際に、日本製のバイクからエンジンを取り出して、それを農業用の機具として改造して使う事例をいくつか見せてもらったことがあります。

農業用の機具は当然ながら、収穫する農作物や農場の規模によって少しずつ違う特性が求められますし、実際に使う人の年齢や体力にあわせて、より使いやすいようにカスタマイズすることも求められています。そうしたニーズのある場所では、日本製のバイクのエンジンが動力としてとても使いやすいらしいのです。

ただ、こうした改造は、通常はメーカーの保証外です。日本では製造物責任法（PL法）もあって、改造どころか、既製品を「開ける」ことや、「修理する」ことさえもなかなか認められにくい空気があります。

しかしそれとは違う、もうひとつの社会の流れも世界では生まれてきています。米国のマサチューセッツ州では、「Right to Repair（修理の権利）」法案が、投票で成立しました。この法案は、「自分の自動車は自分が好きな工場で修理できる」という内容のものです。これまで、車の情報は正規のディーラーのみに提供されており、一般の修理業者には伝えられていなかったために、修理をしようにも指定の工場でしかできない状況がありました。その状況を乗り越えようと、この法案では、自動車メーカー各社に対して、州内の自動車保有者や修理業者にすべてのサービス情報を公開するよう、義務付けています。こうした動きは各地に広がっていて、メイン州でも先ごろ同様の法案が提出されています。

パソコンやエレクトロニクスの分野では、2003年にカリフォルニアで二人の大学生が創設した「iFixit」が有名なサービスになっています。これは、製品の修理手順を説明するマニュアルを無償で公開し、修理に必要な部品や用具を販売するというサービスです。iFixitには、現在、パタゴニアの製品の改造法が掲載されるまでになっています。

工業製品の場合には、安全を守るという大きな目的があるため、製造物責任法（PL法）とのバランスで、少しずつ開放できる部分を開放していくということになるでしょう。しかしたとえば、電器や機械ではない、ファッションの分野はもう少し緩やかな広がりを持ち、新たな文化現象が生まれてきやすい土壌があります。

近年、ユニクロで買ってきた服を自宅で分解してつくりかえてしまう「ユザラー」と呼ばれる人々が登場しています（ユザワヤにちなんだ名称です）。こうした人々は、ユニクロで売られている服を「最終製品」ではなく「創作のための素材」と読み替えてしまっているのです。このしたたかさに私は心打たれます。

これまで既製品が壊れた際にそれをもとの状態に戻すのは**「リ・サイクル」**と呼ばれていました。しかし近年では、人間の創意工夫を介入させて、元の状態とは違う状態に積極的に変え、新たな価値をつくったうえで社会に再度循環させる行為が生まれており、それは**「アップ・サイクル」**と呼ばれています。

ここに紹介したいくつかの事例に共通する視点は、あまりにシステムとして固着化してしまった「大量生産」「大量消費」「大量破棄」一辺倒の大きな川の流れを、その一部をほぐしたり、大きな川の流れの一部を逆流させたり、また別の箇所に支流や伏流をつくったりしながら、**より多様性に富んだ河川へと編み変えていくこと**です。

そしてそのためには、次に述べる生活者の視点からの「回復」行為がもつ免疫のような力が鍵となるはずです。「ものづくり産業」だけでなく「ものづくりの文化」として全体を立て直していくことが重要なのではないかと思うからです。

3Dプリンタのある生活

「大量生産」のシステムが生まれたのは、産業革命の後のことです。歴史をさらに大きく遡れば、産業革命の前までは、人は自宅で必要とするものをつくる家内制手工業の生活を営んでいました。その後、工場制手工業、工場制機械工業へとつながり、現在の大量生産型の工業社会へと至ります。

ものをつくる場を工場に集約したことで、家庭でものをつくる文化は緩やかにその場所を失っていきました。しかしいま、「機械」が進化して、コンパクト化し、パーソナルなものになったこともあって、再びものをつくる行為が家庭に戻ってこようとしています。しかも今回のそれは、「家内制手工業」ではなく、歴史上初めて、**ネットワークにつながったデジタル工作機械による「家内制機械工業」**なのです。

私が幼い頃、家にはまだ「ミシン」や「編み機」がありました。当然、ネットワークにつながった機械ではありませんでしたが、それは家内制機械工業の原初的な風景だったかもしれないと今では思っています。もちろん自宅で本格的な製品をつくるわけではありません。小物を入れる袋を縫ってもらったり、セーターやマフラーを編んでもらったりしましたが、ほとんどの利用目的は「修繕」でした。すなわち、大量生産品の補完的な位置づけだったのです。

さて現在、多くの家庭では、かつてミシンがあった場所に、ＰＣが置かれているように思います。ＰＣで映像を見たりつくったり、音楽を聴いたりつくったり、年賀状をつくったり、確定申告を入力したりしているはずです。その延長上に、「３Ｄプリンタのある生活」というのが、本当にあり得るのかどうか。もしもあり得るとしたら、一体どんな用途で使うことになるだろうか。

そのことを実際に確かめる目的もあって、まずは自分自身を実験台にしてみようと、私は２００８年に３Ｄプリンタをリビングに設置してみたのでした。

その後、私の家の「３Ｄプリンタ」は、まるでかつてのミシンと同じような「修理」や「微創造」のツールとしての役割を果たしはじめました。コップや箱などの小物をつくったり、家のすみずみを局所的に修復したり、改造したりする用途で使うようになったのです。

椅子の後ろに鞄を吊りさげておくためのフック、本を開いたまま立てておくためのパーツ、自転車のハンドルの近くにスマートフォンを取り付けておくための治具《じぐ》など、いわば、超局所的な状況に適合する、個別化一品生産のパーツを私は多数つくりました。

ある決まった寸法の規格パーツであれば、大量生産品を１００円ショップやホームセンターで買うこともできますし、そのほうが便利です。しかし、自宅の階段や柱、椅子など、既存の環境に対して「ぴったりと適合するパーツ」はどのお店に行っても買うことができません。また、洗濯機のゴミとりネットの取り付けパーツが壊れた際には、会社に連絡しても「生産中止です」と言われてしまいましたが、３Ｄプリンタがあったために、自分で完全につくりなおすことができました。

接着剤のような役割

生活の中での3Dプリンタの使用といえば、学生のあいだでは、カップラーメンのカップのふちにiPhoneを固定しておく治具や、一眼レフのカメラのキャップをなくさないように服に留めておくアタッチメントをつくっている例もありました。歯磨きに使うコップに、歯ブラシを留めておくためのアタッチメントをつくった学生もいます。服に縫い付けるアクセサリーや、ボタンも、3Dプリンティングの格好の対象で、女性の学生がマニキュアを塗って仕上げたりしています。

私の知る60代の夫婦は、3Dプリンタを買って、高齢者にとっては住みづらい古い住宅の中の「バリア」を能動的に取り除く生活をしています。自ら手すりをつくって取り付けたり、床の段差を埋めたり、ドアを開けたまま固定しておくストッパーをつくったり、床の滑りどめを3Dプリンタで製作したり、地震対策のために棚と天井の間に差し込むつっかえ棒を自作したりしているのです。地方にはマンションではなく古い一軒家に暮らしている高齢の方々が多数いらっしゃいますが、そうした暮らしのなかで有効活用されているのです。

こうした3Dプリンタの使われ方は、あるものを別のものに留めたり、くっつけたり、支えたり、一時的に固定したり、関連付けしたりするための道具であって、まるで「接着剤」のような役割を果たしているといえます。できあがるものは、これもまた特定の名前のある「もの」ではなく、**「もの未満」**の**「機能的なかたち」**です。既存のものとものとの隙間に入るものなのです。

とはいえ、これまでの接着剤と異なるのは、完全に塗りつけて取れなくしてしまうのではなく、いつでも取り外すことができるような、固定具であることです。また、量が必要になれば、必要なだけ増やすこともできます。こうしたデータの多くは、thingiverse.comという3次元データベースサイトに公開されるようになっていますから、ダウンロードして寸法を変更するだけで、比較的簡単につくることができます。

「既存のものとものとをつなぐ」目的での3Dプリンタの活用法を、象徴的に示す良い作品があります。２０１２年のアルスエレクトロニカで賞をとった作品で、異なるメーカーの玩具ブロックどうしをつなげて遊ぶための「The Free Universal Construction Kit」です。

これは、接続部の規格が違うために、これまでつなげて遊ぶことのできなかった10種類の違うメーカーの子供用ブロック（Lego, Duplo, Fischertechnik, Gears! Gears! Gears!, K'Nex, Krinkles〔Bristle Blocks〕, Lincoln Logs, Tinkertoys, Zome, Zoob）を互いにつなげることのできる、「コネクター」のセットで、データはThingiverseにも公開されています。

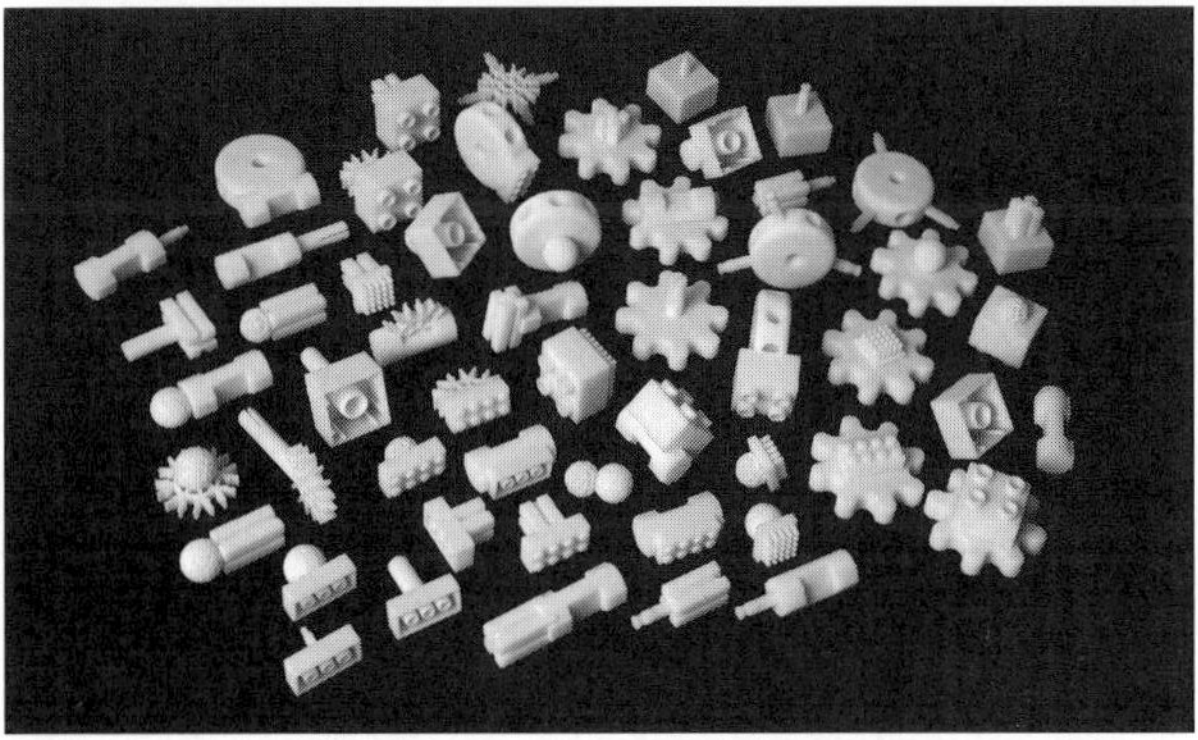

図5-6　The Free Universal Construction Kit
（http://fffff.at/free-universal-construction-kit/より）

接続部の規格が違うのはメーカーの都合であり、ユーザーが遊ぶ際に、手元にあるいろいろなブロックを組み合わせて遊びたいと思うのは自然なことです。しかしそれを実現する手段がこれまでありませんでした。

３Ｄプリンタは、こうした、何かと何かを「つなぎたい」と思う際に、有用な道具なのです。もちろん、これ自体が新しい玩具であるということもできるでしょう。生活者が、ものとものとの隙間を埋めていくことを支援するのが家庭用の３Ｄプリンタの重要な役割ではないかと思います。

ファブリケーションは何を回復するか

従来とは異なる創造的な生活者像に呼応するようにして、企業の側からも、３Ｄデータをオープンにする例が続々と登場しつつあります。

ノキア社は、同社製のスマートフォン「Lumia 820」ケースのCADデータをウェブページにすでに公開しています。自宅に3Dプリンタがあれば、自分で修理を試みたり、オリジナルのケースをつくれるようにしているのです。また、アメリカのスミソニアン博物館は収蔵品の3Dデータの無料配布を始めました。3Dプリンタがあれば、家庭で化石のミニチュアをつくることができるでしょう。日本ではホンダが自動車のデータを公開していて、ミニカーを自分で3D出力して遊べます。このような事例はこれからも増えていくことと思います。

3Dプリンタで何をつくればよいのだろう？　と考えこんでしまうような場合には、まずは「テレビ」のような視聴機であると捉えてみて、ネット上に公開されている3Dデータをダウンロードして出力することから少しずつ始めてみるのが有効かもしれません。ファブリケーションが回復してくれるものは、何よりも**「日常のものづくり」**なのです。

地域にひとつのシェア工房

欧米に行くと、家庭でのものづくりの作業場として、一軒家の屋根裏部屋やガレージが使われている様子をよく目にします。自転車や自動車を整備したり、電気製品を修理したりするための「図工室」です。家庭の中に、「キッチン（家庭科）」と「ガレージ（図工）」という、二種類の「つくる場所」が存在しているのです。

第1章でも紹介しましたが、特性だけを取り出せば、切る道具、貼る道具、化学反応の道具、測る道具、そうした道具が並ぶ、ファブラボとキッチンはとてもよく似ています。しかし日本では、「LDK」と呼ばれる標準化されたマンションの間取りが発達しており、どの家にもK（キッチン）はありますが、通常F（ファブルーム）はありません。言い換えれば、家庭科の実験場はあるけれども、図工の実験場がない状況なのです。騒音も出せない、少しのゴミも出せないとなれば、家庭でのものづくりはますます遠のくばかりです。

しかしこうした現状からも、逆転の発想で、ファブラボのようなシェア工房の可能性を位置づけることができます。LDKを標準として整備してきた日本のマンションや公営住宅の各家庭に、これから図工スペースを増設することは、あまり現実的ではないでしょう。でも、マンションにひとつ、あるいは地域にひとつ、個人の工房ではなく共同の工房を持つことは現実的にありえるのではないでしょうか？

料理は日々の営みに必要ですからキッチンは家庭にひとつですが、図工は週に一回程度という頻度が実はちょうどよいのかもしれません。徒歩圏内にある地域にひとつのシェア工房は、こうした日本特有の住宅事情からも、有効であるように思います。

コミュニティラボ

これまで、DIYものづくりコミュニティは、木工（ホームセンター系）、電子工作（アキハバラ系）、手芸（ユザワヤ系）、また3Dフィギュア系と、いくつかのジャンルに分かれていました。しかし、いろいろな機材がひとつ屋根の下に揃うことで、異なる背景の人々が集まって新たな出会いが生まれ、異分野のコラボレーションが促進される可能性もあります。

木工の職人は大型のミリングマシンを、電子工作愛好者は小型のミリングマシンを、手芸愛好者はミシンを使うことを第一目的にこうした場所に通ってくるかもしれませんが、そこで「他のジャンル」のつくりかたを傍目に見れば、新しい刺激を受けることができるのです。そうして、電子工作と手芸が融合したり、木工と電子工作が融合したような、ハイブリッドな創作、ジャンルやカテゴリを横断したようなものづくりが生まれてくるのでしょう。

ファブラボをはじめとする各種市民工房には、「つくる」ことを軸として、アマチュアからマチュアまで、デザイナーからエンジニアまで、子供から高齢者まで、さまざまな人が集まってきます。これが、コミュニティデザインの観点から見たファブラボの社会的意義です。

「コミュニティラボ」と呼ぶに一番近いイメージのラボが、スイスはチューリッヒにありました。このラボは、10階建てくらいの白いマンションが立ち並ぶ、何の変哲もない郊外の住宅街の脇にあります。古いレンガ造りの建物の一室がラボになっています。電車の駅からは少し距離がありますが、前には色とりどりの自転車がとめてありました。

私が訪れたのはあいにく平日の午前中でしたが、40代くらいの二人の男女が出迎えてくれました。その二人は、ラボの「日替わり運用責任者」だそうです。このラボでは、月曜日から土曜日まで、毎日日替わりで責任者を決めて運営しています。その日担当だった二人は、週のうち残りの四日間はＩＴ会社で働いているエンジニアでした。彼はファブラボの運営責任者として、週一回、そこにいることの意味を次のように語ってくれました。

「週に一日くらい、プログラムを書くのをやめて、物質的なものに触れることで、リフレッシュできるんだ。会社の外にあるコミュニティに参加することも、自分の視野を広げてくれて、有益だと思っている。」

しばらくして午後になると、ラボにはおじいさんから子供までたくさんの人が通ってきました。ある高齢のおじいさんがパソコンを開いて、３Ｄのモデリングをはじめました。何をつくっているかと聞けば、ボートにオールを留めておくための木のパーツだそうです。技術をもった大学生がそこにやってきて、3Dのモデリングを助け始めました。12歳の女の子はレーザーカッターでパズルをつくっています。お菓子を焼いているお母さんもいます。

こんなふうに、図書館、公民館、児童会館、美術館などの次に来る「つくるための公共施設」として、ファブラボが機能し始めているのです。こうした、地域のコミュニティラボの雰囲気は、日本でも比較的共感を生みやすい感覚かもしれません。

『3Dプリンターが創る未来』(クリストファー・バーナット著、小林啓倫訳、原雄司監修)の日本語版冒頭で、監修の原さんが、次のようなことを書かれています。

3Dプリンターというと、どちらかというと若い人たちが飛びついているのが世界的な傾向です。ところが日本では、比較的中高年層が趣味のために購入しているケースも見受けられるのです。「家で陶芸をやるといっても、都心だといろいろと面倒だし、どうせ新しいことをするなら3Dプリンターをやろうと思った」といったお話を聞きました。

また、主婦が購入しているケースも見受けられました。これは、販売した地域とも関係があるようです。例えば神奈川県や中部地域など、ものづくり産業が盛んな地域ではCAD（コンピューター支援設計）オペレータなどを経験した女性も多いのが理由のひとつでしょう。（中略）こういったCADの技能を持つ女性は、日本ではけっこう多いのではないでしょうか。

世界中を探しても、このような普及の仕方をしている国は少ないと思います。

フランスでは今、3Dプリンタを購入した高齢者から若者、主婦までが平日に集まって、自主的な勉強会を開くケースも増えていると聞きます。そうした活動は、地方でもますます盛んになっていくでしょう。ソーシャル・ネットワークの普及などもあって、自分の住んでいる地域にも面白い人々が住んでいることが可視化され、新しいつながりがネット上に生まれています。それがリアルにまで染み出し、近くに住む住民どうしが、歩いて集まれる範囲で気軽なオフ会を開くことも増えています。

「日常のものづくり」は、家庭だけでなく、コミュニティでも、生活の一部として緩やかに回復しつつあるのです。

遊びの創造性

日曜日のファブラボでは、親が子供に玩具をつくってあげたり、子供が自分の遊ぶ玩具を自分でつくるような光景をよく目にします。３Ｄプリンタでベーゴマをつくって家族で遊んでみるという、「三丁目の夕日」のような昭和の世界と、21世紀のハイテクが混じりあったような、過去だか未来だかよく分からない混濁した状況が生まれています。

その一方で、「３Ｄプリンタでつくられるものは玩具どまりだよね」という声を聞くことも多くあります。ただ私には、それが賞賛なのか批判なのかよく分かりません。というのも、最近、「玩具」というジャンルが持っている社会的な役割が、急激に変わってきているように感じるからです。

かつての玩具は、大人が仕事で用いる本格的な道具を、幼児が安全に疑似体験するためのものが多くを占めていました。フォークリフトやトラックの模型や、キッチンの小さな模型などがそれです。そうした背景には、大人の使う道具が「本物」であって、子供の玩具はその行為を小さく「真似する（疑似体験する）」まがいものだという認識がありました。

しかし近年、「もの」の価値が機能一辺倒ではなく、愉しさや喜び、嬉しさ、創造性を喚起するようなものに全般的に移行しつつあります。ネットワークにつながるデバイスが増え、必然的に、従来のカテゴリに当てはまらない、新しいタイプのものが増えてきています。

メディアアートの業界で活躍する私の友人たちは、ソフトウェアの世界ではｉアプリやウェブサービス、ゲームなどを発表していますが、ハードウェアの世界では、ひとまず「玩具」というカテゴリで、自分のアイデアを製品化し、世に出すことが増えてきています。従来のカテゴリに当てはまらない創造性豊かなものが、「玩具」の領域にとりあえず回収され、そこを活路に世に出ていくケースが増えているのです。

さらに玩具で取り入れられた要素を、工業製品の分野が追従して取り入れるという逆転現象も起きています。知的な意味で「遊ぶ」ということの創造性が、ものの付加価値として重要になってきていることの表れではないでしょうか。

いまこの時代は、まだ可能性の分からない未熟な技術を、頭ごなしに「おもちゃだよね」と否定するよりも、「遊ぶように愉しんで体験してみる」ことのほうに可能性があると思うのです。

「玩具」の社会的位置が変わってきている状況は、最近のレゴブロックの使われ方でも説明できます。レゴはいま、子供が遊ぶためだけでなく、創造性を育むワークショップなどで大人が活用する重要なツールになっています。まちづくりのワークショップや、空間レイアウトの検討、アイデアメイキングのワークショップでも、もっとも手っ取り早くアイデアを「もの」で表現したり、壊してつくりかえたりするための媒体として、ブロックが使用されています。

レゴはこれまではあくまで、「見立て」的に何かを表現したり、架空の世界をつくりあげたりするためだけのものでした。しかし最近では、本当に生活の中で使う実用的なものをつくる動きも現れてきています。個人が使う箱や入れ物はもちろんですが、それだけに留まりません。「マインドストーム」という製品からは、モーターやギアでさまざまな運動も組み込めるようになりました。いくつかのパーツを組み合わせて、レゴで「FabLab2.0」的な工作機械をつくる人も増えてきました。コーヒーメーカーをつくっている人もいますし、レゴ製の３Ｄプリンタをつくっている人もいます。

レゴで比較的大きなものをつくろうとする人もいます。その極めつけは、無数のレゴブロックを組み合わせて、実物大の本当の家をつくっている人です。これを果たして「玩具」といえるでしょうか。どこまでが玩具でしょうか？　玩具とは何でしょうか？　どこまでが非実用で、どこからが実用でしょうか？

ものづくりの喜びを回復する

ここまで本書では「ファブリケーション（製造・こしらえる）」という意味で「ＦＡＢ」という語を使ってきましたが、ここでＦＡＢの二番目の意味を紹介してみたいと思います。それは**「ファビュラス：Fabulous（豊かな、愉しい）」**という含意です。これは日常の

「Fun（楽しい）」とは質的に少し違う感覚です。Fabulousの語源は「Fable（寓話）」です。それが転じて、「まるでおとぎ話（寓話）が現実になったようで素晴らしい」という意味になったものです。架空の世界だと思っていたアイデアが現実化したことの深い喜びを指す言葉なのです。ものづくりが本来持っていた、喜びや愉しさを回復することも、ＦＡＢの大切な役割です。

日本の渋谷から生まれ、世界に広がりつつある「ファブカフェ」は、そんな雰囲気を広めていってくれている、ファブラボとはまた違った角度からの展開事例です。またファブラボにはないような本格的な工作施設を持っている町工場や、学校の図工室などが、土日だけ市民に機材を開放することも、いくつかのまちで始められつつあります。素材や材料を売るためのお店、つくられたものを展示販売するショップやギャラリー、映像を撮影するためのスタジオ、シェアキッチンなども、今後増えていくでしょう。病院や障害者施設、そしてリハビリテーションセンターにもファブリケ

図5-7 「FabCity横浜をつくるためのガイドブック」。Fabをコンセプトとした新しい都市づくりの提案書（http://fabcity.sfc.keio.ac.jp/pdf/fabcity_yokohama.htmlよりダウンロード可能）

ーション機器を導入しようとする動きもあります。

このように、さまざまな「つくるための場所」が有機的に連動しはじめ、「地域（歩いて移動できるくらいの範囲）」ごとに、エリア全体の創造性を高めていこうというのが、「ファブシティー」と呼ばれているプロジェクトです。繰り返しますが、ここでの「ＦＡＢ」は、Fabricationであり、かつFabulousでもあるという、二つの意味が重ね合わされたものです。ＦＡＢは、「まち」そのものを、「つくる拠点のネットワーク」へと編み変えていく運動なのです。

哲学の世界では、人間の本質を、「道具を使いものをつくる動物」であるとする「ホモ・ファーベル（Homo Faber）」という言葉がありますが、この中にも「ＦＡＢ」の三文字が埋め込まれています。ある意味でＦＡＢは、人間としての原点回帰のようなことを指しているのです。

そして、人が変わるために重要なのは、「まち」が変わること、「まち」を変えることではないでしょうか。

第6章　デジタルとFAB――そして「フィジタル」へ

デジタルであることの意味

前章では、マクルーハンの4象限のうち、「衰退」と「回復」について考えてきました。これまでの議論の流れに沿うならば、ファブリケーションが描こうとしている世界は、まるで日曜大工やＤＩＹ（あるいはＤＩＷＯ〔Do It With Others〕）の精神の21世紀版であるように見えてきます。確かにＤＩＹ精神（ＤＩＷＯ精神）が、ファブリケーションの「文化」の底脈に色濃く流れているのは事実です。

しかし忘れてはいけないのは、この技術が立脚しているのが同時に「デジタル技術」であることです。「強化」と「転化」のパートでは、「デジタルであること」の意味について深く考えていきましょう。

ファブリケーションが強化するのが「デジタルな感覚」であることはもはや明らかですが、それは、これまでのコンピュータの画面上でのデジタルな操作とは質的に違うものになるはずです。私たちはいつの間にか、暗黙のうちに、「デジタル」の画面上でできることと、「フィジカル」の物質上でできることを、区別しすぎてしまっているのではないでしょうか。むしろ画面の上でしかできなかったようなデジタル的な操作が、物理的にものの世界にも反映できるようになる、と捉えてみましょう。どんなことが可能になるでしょうか？

アヒルの義足をつくる

次のような具体的な逸話を紹介しましょう。

アメリカ・テネシー州で、3Dプリンタのある活用事例がありました。左足が前後逆向きという障害を抱えて生まれたアヒルのバターカップがいたそうです。このアヒルは、順調に成長することはできたのですが、普通に歩くことができませんでした。そこで問題を抱えていた逆向きの足を物理的に切断し、そのアヒルのための義足をつくるプロジェクトが始まりました。

そこで採られた手法は非常に興味深いものでした。妹のアヒルの足をスキャンでとって、それを参考に拡大縮小して微調整しながら3Dプリンタで再び出力しなおしたのです。その出力結果を型にとり、最終的には同じ形を弾力性のあるシリコン樹脂でつくりなおして義足にしたそうです。それを履かせたところ、アヒルは見事歩きだしました。

注目すべき点は、ここにデジタル的な操作が反映されていたことです。アヒルを救う義足をつくるために行われた操作は、スキャンして取ったデータを「拡大」したり「縮小」したり、「回転」させたり「左右反転」させることだったはずです。これらは、私たちがコンピュータ上で日常行っている操作です。しかし、デジタル操作をフィジカルな物質の世界にまで反映させられるとは、これまであまり考えたことがなかったのではないでしょうか。

「拡大・縮小」や「左右反転（ミラー）」といったデジタルな操作は、おおむね相似形や対称形が基本となっている私たちの「からだ」や、他の生物に適合するデザインにおいては、有利な場面が多いといえます（からだにはもちろん非対称な部分もあります）。

現時点ではデータをいったん経由する方法ではありますが、身のまわりにある「もの」自体を、「拡大・縮小」や「左右反転（ミラー）」したうえで、もうひとつそのコピーをつくることができるというのは、よく考えれば、それだけでもこれまでなかった不思議な感覚ではないでしょうか。いま、あなたのまわりにあるものを見渡して、それらが好きな大きさに拡大・縮小できたり、左右反転できると考えたら、想像力が揺さぶられるような感覚がするのではないでしょうか。

これはもしやスモールライト？

しかし、こうした物語を、私たちは幼いころにどこかで読んでいたことを思い出します。それは、藤子不二雄の漫画「ドラえもん」です。「ドラえもん」に描かれていた秘密道具のうち、物質操作をテーマとしたものがいくつかあります。「スモールライト」はものを拡大縮小する装置、「フエルミラー」は同じものを複製して増殖させる装置、そして、「コエカタマリン」は、話した声が、物質の文字となって出力される装置でした。

こうした装置が描かれた背景には、時代も関係していると私は考えています。「ドラえもん」が描かれた時代には、まだ現在のようなＩＣＴ（情報通信技術）の想像力はあまり浸透していませんでした。むしろ身のまわりの「物質」を、自由自在に「操作」したいという欲望があって、その想像力が漫画として表出しているのだと私には思われるのです。つまりこの時代の想像力は、**「情報処理」**ではなく、**「物質処理」**のアイデアが大半だったのです。

その後、ＩＣＴの技術が登場してからは、物質世界の不自由さにはあまり手を触れることなく、情報ネットワークによって人と人との新しい関係をつくりだすことが実現されてきました。しかしそこから再び、ベクトルがフィジカルへと転回しようとしている現在、「ドラえもん」に描かれていた当時の空想のうち、現代の技術で実現できそうなものも多くあります。

とはいえ、さきほどのアヒルのプロジェクトにしても、ボタンひとつで何かが生まれるというわけではありません。３Ｄプリンタはドラえもんのポケットではありません。ネットでいろいろ検索して、試行錯誤しながら、ラボでチームでプロジェクトに取り組んだり、議論をしたりすることが必要なので、その様子は、むしろ「キテレツ大百科」で描かれていた世界に近いのではないかという指摘もあります。

キテレツ大百科は、江戸時代に書き残された古文書を読み返しながら、仲間たちが集まって、画期的なものづくりをするというストーリーです。なんだかファブラボを連想させてくれます。

いまのところ、3Dプリンタはかなりの努力を要求する機械であることは間違いありません。しかしそのことで逆に、仲間で集まって作業をする意味が強化されています。私は現時点はこれでよいのだと思うのです。「ドラえもん（ただし映画版）」も「キテレツ大百科」も、異質なキャラクターが集まって混成チームで活動することの創造性が描かれている点では共通していますから。

道具と人間の関係をときほぐす

「ドラえもんの道具」に話を戻しましょう。3Dスキャナーと3Dプリンタがあれば、疑似的ではありますが、「スモールライト」や「フエルミラー」を実現できます。ただし、小さな別の物体を樹脂で出力するだけであって、元の物体自体は小さくならないので、完全なスモールライトは実装できません（ものがひとつ増えます）。

あるいは、音声認識と組み合わせれば、「コエカタマリン」もつくることができます。3Dプリンタから文字が出てくるまでにものすごく時間がかかりますので、こちらも漫画どおりのシナリオにはなりません。このあたりのオチがつく感覚もいまのところは「喜劇的」です。

ただ、「ものの拡大・縮小」のデジタルな感覚が、実用的に役立つ場面も多くあるはずです。そもそも、データを拡大縮小してフィジカルに出力することを、私たちはすでにインクジェットプリンタやレーザープリンタでは経験しています。ひとつのデータからB5判に小さく印刷してビラにしてみたり、A1判に大きく印刷してポスターにしてみたり、好きな大きさに出力することは、すでに当たり前のように行われています。

図6-1　拡大縮小可能なさまざまな「道具」のデジタルデータを収集している、ファブラボ鎌倉のプロジェクト「Fab Tools」（http://www.fabtools.jp.net/）

そんな延長として、ファブラボ鎌倉の渡辺ゆうかさんが、「道具」を拡大・縮小しながらレーザーカッターで切りだす「Fab Tools」というプロジェクトを進めています。定規、分度器など、さまざまなデータを収集中で、好きな大きさで物質化してみることができるものです。

集められているデータのひとつに、「手動織り機」があります。縦横に順番に糸をかけていくことで、織り物をつくることのできる道具です。

渡辺さんは、この道具を、大きなサイズから小さなサイズまで、いろいろな大きさで物質化し、使うということを試しました。当然ながら、大きな織り機からは大きな織り物が、小さな織り機からは小さな織り物ができあがります。道具のサイズを変えてみることで、そこからつくりだされる結果のサイズが変わってきますし、さらに運び方や扱い方も影響を受ける点に面白さがあります。

「サイズ」というのは、ものと人間の関係を調整する大きな要素です。同じ道具であっても、サイズが変われば、違う使われ方や状況を生み出すものなのです。小さい道具であればバッグに入れて持ち運べたり、電車のなかで取り出して作業したりできます。大きい道具であれば、まるで公園の遊具のように、ひとりではなく、複数人で一緒に支えてはじめて使えるというような公共的な状況を生み出すでしょう。

拡大縮小に加えて、「左右反転」して出力することもできてしまいますから、これによって左利きの人に適合的なものがつくられやすくなるかもしれません。デジタルな操作が挟まることによって、これまでの固定的な「道具」と「人間」の関係を少しほぐして、柔軟にすることができるのです。

デジタルとフィジカルのズレ

「デジタルデータの拡大縮小」について説明してきましたが、これによって最終的に一番影響が大きいのではないかと思うのが、「建築」のジャンルです。

建築の設計プロセスではこれまでも、実物大ではなく、小型の「模型」をつくって反復的に確認をするということが行われてきました。少しずつ違うスケールの模型を並べて検討することもあります。これまでも、拡大縮小を踏まえたものづくりを日常的に行ってきたジャンルなのです。

しかし、これまでの「建築模型」というのは、実物を単純に小さくしたものではなく、空間構成や敷地との対応、構造などを確認するために使うもので、あくまで必要な要素だけを抽出した「簡略化された」模型でした。ところがファブリケーション技術の上では、一切簡略化をしないまま、ひとつの完成したデジタルデータ（モデル）から、実物を小さく出力することも、大きく出力することも、好きな大きさで物質化することができてしまうのです。本物を建てる前に4分の1スケールで建設の練習をすることもできるでしょう。

それは別に3Dプリンタに限ったことではありません。複数の建材から構成される木造

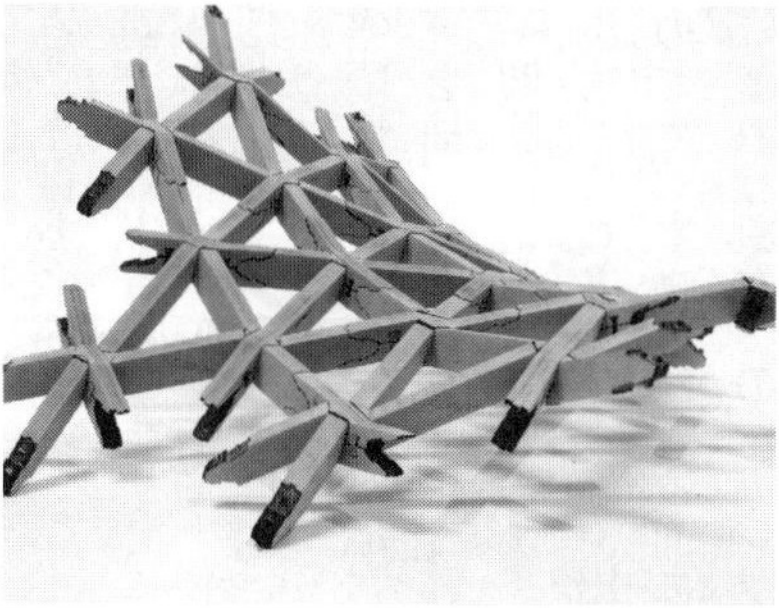

図6-2　ファブラボ広島の壁部分となる木造構造物のジョイントシステムの試作。秋吉浩気さんによる（慶應義塾大学田中浩也研究室）

や鉄骨造でも、同じようなことができるでしょう。100分の1模型、10分の1模型、1分の1の実物の差異は、もとのデータが同じであれば、「単に縮尺を変えただけ」と言われるようなことになるかもしれません。何も省略がない、複数のスケールの出力物ができあがるのです。

ただ一点、気をつけておかなければならないのが、「相似則」です。建築において、模型で「構造」を確認する際には、仮に全く同じ木を用いて模型をつくったとしても、長さを2倍にすれば、面積は4倍、そして体積は8倍、つまり重量も8倍になってしまうことを常に心に留めておく必要があります。縮小模型では、「自重」がかかったときに実寸大でどれくらい耐えられるのかを、完全に実験することはできないのです。

スウィフトの『ガリバー旅行記』において、「小人の国」リリパットでの逸話として描かれていた話を覚えているでしょうか？　ガリバーのわずか12分の1のサイズしかないリリパット人は、ガリバーにどれくらいの食事を与えなくてはならないかを計算しました。

食糧は体積に比例するから、12の３乗の１７２８倍の食糧を与えればよいことになります。しかし地面と接する足の面積は、12の２乗ですから１４４倍です。その結果、１４４倍でしかない足の面積で、１７２８倍の体重を支えるという、実際には不可能なことが起こってしまうのです。

子供向け戦隊アニメではよく、かたちは変えないまま相似的に拡大縮小した大男や小人が登場します。しかし実際には、足の構造か素材を変えないと、あの体重を自分自身では支えることができません。現実には不可能なプロポーションなのです。これは空想と現実の大きな違いであり、ある意味で落とし穴です。

最近、ネット上を流通する「初音ミク」などのデフォルメされたキャラクターを、３Dプリンタでフィギュア化しようとする際に同じようなことが起こっています。CG用につくられた３Dデータは通常「重心」などを考慮していないため、３Dプリントして物理世界に置かれると、倒れてしまうことが多いのです。

もちろん、３Dプリンタの良さは、失敗しても何度でもやり直せることにあるわけですから、こうした試行錯誤によって物理世界でも成り立つ造形を検討していくことには意味があります。しかしここでもやはり、**デジタルの操作自由度と、マテリアルが本来備えているる物理的な振る舞い、その両面をすり合わせていく必要がある**ことには留意しなければなりません。

この、デジタルとフィジカルの「ずれ」は、そのことに自覚的でさえあれば、なんだか滑稽でユニークな、別の付加価値をもつことでもあるような気がしています。

オープンデザインに向けて

「デジタル操作」の可能性について述べてきました。しかし現在、デジタルといえば、もはやメニュー操作のことではなく、「ネットにつながっている」という状況そのものを想像される方も多いはずです。

ネット上では、自由に成果物を共有する「オープンソース」の考え方が、ソフトウェアやコンテンツの分野で広がってきました。ファブリケーションは、そうした想像力を、ハードウェアやデザインへと染み出していくための扉になるものです。

ネットはもともと、情報の発信側と受信側の関係がはっきりとは分かれていない、全員が「参加者」として扱われる文化をつくってきました。そこで起こってきた意識変革が、フィジカルな世界でも、「つくる側」と「つかう側」とを極端に分けないいまの新しい文化へつながっているはずです。

しかしこうした「オープン」の文化には、「無断コピー」の問題が根強く残るといわれています。同時にネット社会は私たちの日常に既に深く浸透しており、私たち自身が、日々情報をネットに公開し続けています。このジレンマをどのように解いていけばよいでしょうか。

ネットワーク時代の新しいライセンスのありかたを考えるひとつとして、著作権の分野において、従来よりも柔軟に展開するための、「クリエイティブ・コモンズ」の活動があります。

クリエイティブ・コモンズでは、かつてのように「クローズかオープンか」の二択ではなく、その中間を柔軟にして、新しい制度をつくっていこうと考えます。そして、ある条件の範囲内で、著作物の再利用を広く許可するライセンスを提案します。そのライセンスを付与することで、公正なルールを生みだし、ネット上での再利用を、制するのではなくむしろ促すのです。文章、画像、映像、音楽などのデジタル領域では、クリエイティブ・コモンズ・ライセンスが多く取り入れられています。

いま、こうしたライセンスをさらに「フィジカルな」世界に、どこまで取り入れられるかを考えなければならない状況になってきています。

フィジカルな分野のオープン化に際して、私はファブラボの経験のなかで、ひとつ奇妙な現象に気がつきました。これまでも本書で何度か触れてきたことですが、デジタルデータがネット上にオープンに公開されたとしても、それだけで別の国で「完全に同じものがつくられる」、すなわち単純複製が起こるばかりではないのです。ファブリケーションが、デジタルなデータとフィジカルなマテリアル、その二つにまたがって存在しているという性質に基づいた、興味深い現象です。

基本データがオープンであったとしても、全く同じ材料、素材、部品が手元に揃わない限りは完全に同じものを再現することはできません。また、「回復」のパートで紹介したように、ある場所に超適合的となる一品生産の治具などは、寸法を自分の家にぴったり合わせる「調整」にこそ意味が宿るのであって、それをしないことにはそもそもコピーをしても実用的な価値が生まれません。

そうした状況があるために、ひとつのデータから実体化されるたびに、さまざまな素材に合わせてデータが修正されたり、さまざまな環境に適合するように寸法が調整されたりして、無数の「派生形」が生まれているのが現状なのです。そこでつくられた亜種や変種がまたネットに公開されることで、データそのものが無数に分岐し、進化していくような現象が起こっているのです。いったんフィジカルな世界を経由することによって、デジタル領域にこれまでより一段複雑なプロセスが生じていること。これが、デジタルなソフトウェアやコンテンツとの大きな違いです。ここに次へのヒントがありそうです。

コピーによる「進化」

私がこのように考えるようになったのは、大変面白い事例があったからです。ファブラボ鎌倉でつくられたＫＵＬＵＳＫＡさんの革スリッパは、その後、旅人のイェンス・ディヴィックからの希望もあってアフリカのケニアにデジタルデータが送られることになりました。そして、ケニアのファブラボの近くにあるビクトリア湖で採れたナイルパーチ（魚）の革がマテリアルに選ばれ、現地で再製作されました。

その際、デジタルデータそのものも、アフリカ人の足の大きさに合うように、サイズの改変が行われました。革を縫い付ける糸も、現地で手に入りやすいテグスに変更されました。そして私たちのもとに、ケニアでできあがったスリッパの写真が送られてきたときには、どこか似ているけど何か違うものへと派生された不思議な物体に変わっていたのです。オリジナルの要素と改変の要素が半分半分くらいで混じり合っているのです。

同じようなことが機械でも起こっています。〝３Ｄプリンタで３Ｄプリンタをつくる〟という壮大な目標を掲げて開始されたRepRapプロジェクトも、実際には、手元での自己増殖よりも、ウェブ上に公開されたRepRapの設計図をもとに、世界各地でその「改良版」がつくられ、広がりが生まれる結果となったことは、第１章で述べたとおりです。そこでは、10センチくらいの、折りたたんで持ち運べる小さな銀細工用のRepRapから、2メートルもの建築用の大型のRepRapまで、多種多様なサイズのものが生み出されています。

私も、自分でFab@Homeを修理してみてわかったことがあります。米国で生まれたオープンソース・ハードウェアは、たいてい単位がインチになっているため、それをすべてミリ規格に直す必要がありました。それは簡単なことではありません。しかし、そうやって、派生と進化に参加しているのは、まるで農業でいうところの「品種改良」のような営みだと感じられたのです。

総じて次のような実感を持っています。かつて、カセットテープやコピー機の時代、すなわちアナログコピーでは、コピーをすればするほど、画質や音質が**「劣化」**してしまうものでした。しかしデジタルコピーの時代になって、「まったく劣化しないコピー」という世界がやってきました。そこで**「複製（コピー）」**を巡るさまざまな問題が真剣に議論されるようになりました。

さらに進んだファブリケーションにおいては、デジタルとフィジカルの「狭間」が存在するために、コピーしようとする際にも、必然的に、半強制的な「改変」、「修正」や「調整」が要求される事態となっています。

このことをポジティブにとらえれば、データがさまざまな方向へ向けて「分岐」「派生」

するという状況が半自然的に（もしくは半強制的に）促されていると言えないでしょうか。

そして、より能動的に参加する人々が増えれば、データはだんだんと問題が克服され、種類が増えて冗長にもなり、より良くなっていきます。そうなれば、**「コピーによる劣化」**の心配よりも先の世界が開けてきます。それは**「コピーによる進化（分化）」「コピーによる複製」**とでも呼ぶべき、新しい文化現象です。

しかし、そうしたことは過去にもありました。料理のレシピは、オープンになったことで、作り手の個性や現地の食材などと結び付き、派生したり進化したりしてきた知識の代表的な例です。たとえば、料理データベースサイト・クックパッドで「カレーライス」と検索すれば、そこには多種多様なカレーライスが投稿されていることが分かります。レシピはまるで生態系のように分岐と派生を繰り返しているのです。

デジタル工作機械は、料理でいえば「調理器具」に相当するものです。料理が育んできた「食文化」と同じように、「もの文化」を形成していくためのプラットフォームとして、ウェブ上のオープンソースの方法を取り入れればよいのではないでしょうか？　それがフィジカルならではの面白さのように思うのです。

結局、私たちは、これまでの「ものづくり（物質処理）」の常識も、これまでの「デジタルコピー（情報処理）」の常識も、どちらも再びほぐさなければいけないのです。むしろその二つが交わるところに、どんな新しい可能性を開くことができるかが挑戦です。その詳しい内容については『オープンデザイン——参加と共創から生まれる「つくりかたの未来」』（オライリー・ジャパン）という書籍をご参照いただければと思います。

マクルーハンの警句

ファブリケーションがこれまでの「ものづくり」に与える影響として、「衰退」「回復」「強化」の三つまで見てきました。以上を踏まえて、最後にいよいよ「転化」について推論してみたいと思います。

しかしその前に少し助走を挟みましょう。この「転化」というのは、マクルーハンの理論の中でもかなり難解であることが指摘されています。「転化」の問いは、「あるメディアが極限まで推し進められたときどうなるか」を推察することです。「極限」を推察するためには、いったん常識を振り切って、跳躍力を使って未来へジャンプすることが必要とされます。しかし、実際マクルーハン自身がその飛躍の難しさについて言及している別の箇所があるのです。

極限を推察する困難について、マクルーハンは次のような記述を残しています。

われわれは、まったく新しい状況に直面すると、つねに、もっとも近い過去の事物とか特色に執着しがちである。われわれはバックミラーを通して現代を見ている。われわれは未来に向かって、後ろ向きに進んでゆく。

この「バックミラー」は、詩的ですが、とても的を射た表現なのではないかと私は思っています。人は全く新しいものに出会ったとき、通常は既に知っているもののなかから似ているものを見つけ出し、それとの比較や類推でしか、新しい何かを措定することができません。その一種の限界について自覚的に述べているのです。

たとえば、いまでは信じられないことですが、電話は最初「話す電報」と呼ばれていました。自動車は「馬なしの馬車」と、ラジオは「無線機」と呼ばれていました。電話は電報という、自動車は馬車という、ラジオは有線という、「最も近い過去の事物」との関係のなかで、それらと比べて**「どこが変わったのか」という「差分」の視点でしか、捉えられなかった**ということです。

過去の何かを継承する言葉によって、私たちは、ある人工物を、歴史の系譜として理解しています。それによって、ひとまずの納得や安心を得ることができます。しかし同時に、マクルーハンは続けて次のようにも言っています。

> バックミラーはまた、新たなメディアの最も重要かつ革命的な機能を部分的に不鮮明にしてしまうものだ。

この指摘は、本書で私自身がこれまで繰り広げてきた、いくつもの「納得しやすそうな、分かりやすい説明」が孕んでいる本質的な危うさを暴いている警句ととることができます。

「3Dプリンタ」は単に「プリンタが2Dから3Dになった」だけで済ませてよいのでしょうか（いけないのではないでしょうか?）。「デジタル工作機械」は単に「工作機械がデジタルになった」と考えるだけでよいのでしょうか（いけないのではないでしょうか?）。家内制手工業との対比の上で家内制機械工業を捉えてよいのでしょうか（いけないのではないでしょうか?）。

もしかしたら、ここまで繰り広げてきた私の説明自体が、自動車を「馬なしの馬車」と呼んでしまっているのと、それほど大きく変わらないのかもしれません。分かりやすい言葉はいつも本質を隠蔽する目隠しのようにも機能してしまいます。それが「分かりやすくて、納得を生み出しやすい」がゆえに背負ってしまう宿命です。**本当の未来は、それが真に未知の未来であるならば、「分かりやすい」はずがありません。**

物質と情報が等価になる——フィジタルの世界

では過去との類推では捉えられない、全く非連続な技術や考え方の種は、どこに含まれているでしょうか。未来を考えるうえで本質的な可能性は、これまでのどこかに隠れていたでしょうか。

これまでの議論のなかで、まだ過去からの「当たり前」に束縛されていたかもしれない部分を検討してみましょう。

第1章では、「ファブリケーション」を「デジタル工作機械を使った〝ものづくり〟」よりも広く捉えておくことを提案しました。**「デジタルデータからさまざまな物質（フィジカル）へ、またさまざまな物質（フィジカル）をデジタルデータへ、自由に相互変換するための技術（メディア）の総称である」**とし、この意味に則ってここまで論を進めてきました。

しかしここまでの論ではずっと、「デジタル」と「フィジカル」という二つの世界は別物である、という常識から離れられていませんでした。別物であるという前提のうえで、その二つを関係づけるという考えの説明に終始してきてしまったのです。

たとえば、先ほど「スモールライト」について触れました。いま、身のまわりの「ある物体」を縮小したいとします。その場合、まずその物体を3Dスキャンし、データを取ります。そしてそのデータをコンピュータ上で縮小します。さらにそれを3Dプリントすれば、「縮小された物体」をつくり出すことができます。

しかしそれでは、別の小さな物体をもうひとつつくっているだけであって、もとの物体そのものを縮小しているわけではありません。もとの物体はもとのままなのです。ここに現在の技術で想像できることとの限界が見え隠れします。しかし、これを諦めてしまってよいのでしょうか?

よく考えてみれば、なぜ身のまわりのフィジカルなコップは、デジタルデータのように「そのまま直接に」拡大縮小ができないのでしょうか? 左利きの人が使う時に、スイッチ一つで左右反転してくれないのでしょうか? こうして突きつめて考えてみれば、本当の極限形に辿りつきそうです。

極限はおそらく、デジタルとフィジカルが完全にひとつのものとして融合してしまうこと、**情報と物質が等価になる世界**なのです。二つが分かれておらず、ひとつのものに合体してしまう未来なのです。

フィジカルなものが、デジタルの特徴を吸収してしまう、という反転。

つまり、あらゆる「もの」がデジタル的な性質を持つようになること。これを言い表すために会津泉さんとの会話の中で出てきた用語が**「フィジタルな世界」**、というものです。マクルーハンのいう「転化」、それはデジタルとフィジカルが完全に一体化した「フィジタルな世界」なのではないか、というのが私の推論です。

究極のディスプレイ

フィジタルな世界はどのようにしたら実現可能でしょうか。

コンピュータの画面上のデジタルな文字や絵は、よく近づいて見てみると、細かな光の点（ドット）の集まりでできていることが分かります。ドットは色がついたり消えたりというように変化します。画面上で文字や絵が拡大縮小されたり、左右反転しているように見えるのは、ドットの状態が瞬間的に変わるからです。私たちがパソコンの画面上で見ているのは、紙に印刷されたインクとは違って、状態が変わる、バラバラな点の集まりなのです。

では、この光の点である「ドット」が、手に触れられる物理的な「粒」となって、取り出せたらどうなるでしょうか？

ディスプレイから、砂糖や塩の粒のようなものがパラパラと落ちてくる状況を想像してもらえればよいと思います。そしてそれらの粒は、コンピュータのデータに応じて、自由に色がついたり消えたりするのです。また、それらの粒は、集まって組み合わさったり、バラバラになったりして、3次元の立体を構成するようにもなります。それによって、文字も、数字も、幾何学立体も構成できます。

そうなれば、コンピュータの画面は、3次元ディスプレイになります。これは単に光学的な映像として3次元立体が表されるという意味ではありません。それではホログラムに過ぎません。「もの」として立体を取り出すこともできるディスプレイは、つまり3次元プリンタとディスプレイが完全に合体してしまった形態なのです。取り出した立体は、また粒々の状態になって、ディスプレイに戻すこともできるでしょうし、持ち帰ることもできるでしょう。たとえばパチンコ台のように。

私たちはこうした仕組みを**「フィスプレイ」**と名付けました。この出力装置こそが、本当の未来技術なのではないかと思うのです。

実はこの技術について、説明の文脈は違っていましたが、本書はすでに触れています。それはスタートレックに出てくる「レプリケーター」です。

レプリケーターでは、「分子」を材料としてあらゆるものを瞬間的に組み立てるという設定になっていました。分子のような、万物の単位が制御できるようになれば、本格的な

「汎用製造装置」が実現できます。自然物から人工物までのあらゆるものを組み立ててつくることができます。だから食品とコップを同時につくることが可能なのです。そしてまた、バラバラにして戻すことができます。この組み立てと分解の速度が極限まで速くなれば、拡大縮小も、左右反転もできるでしょう。まるでコンピュータのディスプレイのように。レプリケーターは分子を単位としたフィスプレイの一形態なのです。

ピラミッドやレゴが示すデジタルなものづくり

とはいえレプリケーターを実現するには、まだまだ時間がかかるでしょう。そこで、この極限まで飛躍した未来を、実現できそうな範囲まで少しずつ「巻き戻し」てみましょう。

私の脳裏には、次のようなアイデアが思い浮かびます。それは、自然物から人工物までを含む「万物」の最小単位である原子や分子の制御にこだわるのをやめ、人間がつくる「特定の人工物」だけに話を限ってしまえば、ある種の簡易レプリケーターが実現できるのではないかというものです。

その場合、最小単位を何にするかは、目的に応じて、個別に設計（デザイン）してしまうのです。任意の「単位」を設定してしまえば、その組み立てと分解で、閉じた「循環系」を構築することができます。

本来「デジタル」とは「離散」、つまり、完全にくっついておらず、バラバラに切り離したり集めたりできる、という意味です。「もの」の組み立てと分解の仕組みを、ある特定の人工物に限定して、実現すればよいのです。

抽象的に感じるかもしれませんが、そうした「デジタル」なもののつくりかたは、実は遠い古代から存在しました。たとえば、ピラミッドやスフィンクスです。

これらは直方体状の石の塊を単位として積み上げられてつくられています。ピラミッドの時代は数人でやっと持てるほどの大きさ・重さでしたが、その後、時代を経て、ひとりでも運びやすい大きさの「レンガ」になり、レンガ造の建物が建設されることになりました。大きな構造物を建設するために、離散的な小さな単位に分け、その集積で少しずつつくるという「施工上」の工夫がなされたのです。

ただこうした大型建造物の場合には、最小単位の集積でつくられたとしても、最終的に「接着」されてしまうことが大半です。固定されてしまえば、また分解したり取り外したりはできません。あくまで施工の工夫であって、事後的に改変はできないのです。もちろん、建築物の場合には、構造的に安定していることや確実な耐久性、隙間を埋めるといったことが求められる背景がありますから、やむを得ない面もあります。

「いつでも分解し、いつでも組み立てられる」という特徴が展開したのは、より自由度を高めても構わない玩具の領域でした。1949年、現在の小型「レゴブロック」の原型がつくられましたが、それは「自動結合ブロック（Automatic Binding Bricks）」と名付けられていました。凹凸がはめこまれる際に、少しくらいずれていても、おのずと位置合わせと調整が行われる、という意味での「自動」です。レゴブロックは、常に組み立てることも、分解することもできる人工物の「単位」として、おそらく世界でもっともなじみ深いものでしょう。

ただレゴでは、前後・左右・上下、3次元のすべての方向に向かって自由にブロックをつなげていくことはできません。あくまで上方向に積んでいくしかできないのです。それだけでは、完全に自由にいろいろな立体を構成することはできません。レゴもやはりレンガ積みのような構法から影響を受けているのでしょうか。

3歳の女の子の発明

コンピュータスクリーンのドットのように、変幻自在に組み合わさっては散っていく「粒」は、地面から上に向かって積まれていくイメージだけではなく、むしろ空中に浮かんで全方向に等価につながっていく「雲」のようなイメージでも語られています。米国の

図6-3 "Modular Fog" 岩岡孝太郎、平本知樹による（慶應義塾大学田中浩也研究室）。NTTインターコミュニケーションセンター「可能世界空間論」での展示の様子

ＳＦ漫画「トランスメトロポリタン」には、「FogLets（霧の粒）」という名前でそれが描かれています。丸い玉状の粒から、すべての方向に向かって細い触手が伸びていき、他の玉と結び付いていく。まるで分子模型のようです。

前の章で「The Free Universal Construction Kit」を紹介しましたが、世の中のブロックは決してレゴだけというわけではありません。ナノブロック、リブロック、ゾムツールといった、各種知育ブロック玩具がありますし、それぞれ、レゴとは違う特性を備えています。前後左右上下どの方向にも結び付き、分解と組み立てができ、かつ組み立てたときに構造的に丈夫にもなるような「単位」は何か。その問題に対して、ファブラボにある工作機械だけで、条件を満たすブロックをつくれるような発明をした、3歳の小さな女の子がいます。

このブロックは、彼女の名前をとって、グレース・インベンション・キット（通称「GIKキット」）と呼ばれています。レーザーカッターでつくることのできる板状のブロックで、比較的丈夫な立体を自由に構成できるかたちです。コンピュータの画面の「ドット」が飛び出してきたような、3次元の粒のひとつの候補となっています。

私の研究室ではこのGIKキットを6000ピースほども使って、実物大の「椅子」をつくるという実験を行ったことがあります。その椅子は完成しましたが、組み立て作業には、人手でほぼ一日を要してしまいました。コンピュータのディスプレイのようにボタンを押すだけで自動的かつ瞬間的に組みあがってくれればよいのですが、まだまだやることは山積みのようです。

当然ながら次の課題は、これを人手ではなく機械で高速に組み立てられるようにすることです。最小単位となるブロックを、組み立てることも、分解することもできる工作機械。こうした機械のことは、「3Dプリンタ」と区別する意味で、「3Dアセンブラ（ディスアセンブラ)」と呼ばれています。「アセンブラ」は「組み立て機」、「ディスアセンブラ」は「分解機」という意味です。このような機械で処理することで、素材と製品はどちらからどちらへも、相互に行き来できるものになるのです。

　こうした機械が完成した時点を、「FabLab3.0」と呼んでいます。フィスプレイもレプリケーターもこの段階に属する研究目標なのです。

図6-4　6000ピースのGIKキットによってつくられた「椅子」。金崎健治さんによる(慶應義塾大学田中浩也研究室)

最終段階FabLab4.0

　この研究はまだまだはじまったばかりです。コンピュータのドットが、自由に色を変えられるように、この「粒」も最終的には色を変えられるようにしたいですし、透明度も操作したいと考えています。さらには物性も、まるで木・プラスチック・金属のように、硬さのバリエーションを持っておきたいものです。

実は残念ながら、私たちが６０００ピースのＧＩＫキットでつくった椅子は、すべて木でつくったこともあって、加重に耐えられずに座ることができませんでした。私たちの身体の各部が、硬い骨から柔らかい肉まで適材適所に配置されてつくられているように、椅子においても、それぞれ強度の違う複数の材料が、効率的に配置され、構造として成り立

図6-5　「フィスプレイ」の初期的な試作。振るだけで結合する最小単位。升森敦士さん、三井正義さん、浅倉亮さんらによって進行中（慶應義塾大学田中浩也研究室）

つように考えなければいけなかったのです。

それを事前のシミュレーションで構造計算してもよいのですが、可能ならば、材料の硬さもあらかじめ決まっているのではなく、後から自由に変えることができればよりイメージに近づきます。

現時点で、私がこのイメージに最も近いと思っているのは、建築家・隈研吾さんが著書『小さな建築』で紹介している、「ウォーターブロック」という作品です。工事現場のポリタンクから発想したそうですが、水を入れることのできる容器を単位として、ジョイントで立体的につないでいくことで、小さな建築空間を構成することができる仕組みです。

私が興味深く思ったのは、タンクに入れる水の量をコントロールすることで、重くしたり、軽くしたり、物性（この場合は重さ）を事後的に操作できるようにしている点です。また内部空間の温度も水の温度で制御することができると説明されています。

こうした、物理特性の制御を、人手ではなくコンピュータのデジタル信号から自由に操作できるようになれば、それがきっと「フィジタル」な世界です。「最小単位」の持つ物理的な性質を後から自由自在に変えることができるようになれば、それは最終段階「FabLab4.0」の状況なのです。

ファブリケーションの究極形

こうした「ブロック」で組み立てられる形状は、建築物にはいいかもしれませんが、滑らかな曲面を実現するのにはあまり向いていません。

いま、この原稿を書いている私のPCの横には、とてもきれいな曲面でできたコーヒーカップがあります。仮にこの滑らかなカップの曲面を、滑らかなままに「GIKキット」で実現するためには、顕微鏡で拡大しないと分からないくらいにまで、一粒（GIKキット）の単位が小さくなっている必要があります。

しかしいまのGIKキットは、レゴブロックと同じくらいの大きさです。その大きさでこのカップを再現しようとしても、表面がガタガタになってしまって、美しい曲面を出すことはできません。これが「レプリケーター」の物語で言われていた、「デジタル圧縮によるビット落ち」の問題そのものなのです。

ただよく考えてみれば、この問題は、技術によって、ある地点までは改善されていくことも予想がつきます。昔のコンピュータディスプレイのことを思い出してみましょう。私がはじめてコンピュータに触れた小学生時代、ディスプレイはまだ640×400ドットでした。そこに表示されるマリオは遠くからでもドットが見えましたし、明らかにガタガタでした。対して、いまのスーパーハイビジョンでは7680×4320ドットになっています。ドット数が、25万6000から3317万7600へと、なんと130倍近くも増えたのです。

ドット数が増える、すなわち解像度が上がるにつれて、ドットで構成されたディスプレイは、とても滑らかな表現力を手に入れるようになりました。昔は見えた矩形のガタガタはだんだんと消えつつあり、相当に近づいて見ないと肉眼では確認できません。

もちろんデジタルな表現ですから、どこまで行っても、これは「近似」に過ぎないのも事実です。どんなに滑らかに見える曲線であっても、点であるドットの集まりであることはデジタルの本質です。かなり目を凝らせば必ず矩形のガタガタが見えてきます。

しかし、GIKキットをどんどん小さくしていけば、見え方は段階的に滑らかになっていくのです。これがすなわち「解像度をあげる」という作業に相当します。完全に滑らかなコーヒーカップが実現できなくても、行けるところまで限りなく滑らかに近づけていくことは技術的にできるはずです。

どこまでも細かく、極小にまでなったGIKキットでつくられたコーヒーカップは、表面はよく見ればまだ微妙にガタガタかもしれません。しかしそのときには、自由に拡大縮小も、左右反転も、回転もできるという新しい機能をまとっているはずです。エフェクトをかければ、トゲが伸びたり、ぶつぶつがついたり、触手を伸ばしたり、さまざまな「表現」をするようにもなるでしょう。

　ファブリケーションの究極はきっと、「もの」そのものが、「いきもの」のようなさまざまな表現力を伴って、私たちに語りかけてくるような世界なのです。フィジタルな世界とはすなわち、さまざまな物質に編集を加え、人間が介入できる余地が拡大する状況です。**ものをプログラミングできる世界**なのです。

　そんな「フィジタルな世界」で私たちはどのように生きていくのでしょうか。その答えを探すために、私はまた自分を実験台にして、確かめてみたいと考えています。そのためにはもはや自力で世の中のどこにも無い装置をつくらなくてはなりません。私は研究室のメンバーとともに、今後もずっとこの研究を進めていきたいと考えています。

デジタル技術は何度でもやりなおしができる

本書もいよいよ最終章となりました。

私はデジタル技術がなければ、この本を書ききることはできなかったと思っています。

書籍は、はじめから終わりに向かって順次的（シークエンシャル）に読まれるものですが、それでもただ一定のリズムで前に進む単調な流れだけでなく、支流をつくったり、伏流をつくったり、急な滝やゆったりとした溜まり、そしてときに濁流や清流を配置するように、全体としていろいろな仕掛けを施したいと思っていました。第1章から第7章までが順序よく並んでいるだけではなく、それぞれの章どうしが星座のネットワークのように関連しあっているようにできたらと考えていました。

この文章を編むにあたっては、幾度もカット&ペーストで章の順番を入れ替えましたし、「Ctrl+Zで頻繁に「ひとつ前に戻り」ました。また、ファイル名に日付をつけて保存しておいて、数週間前のバージョンを開き、最新バージョンを捨てて昔の時点から書きなおすときもありました。また、必ずしも最初から書きたいことがあったわけではなく、書きながら自分の考えを発見したこともありました。

ここで私が頼ったデジタル技術の特性は、一言で言うなら、**「何度でもやりなおしができる」**ことなのです。行きつ戻りつ、いろんな組み合わせを試し、試しては捨て、削り、直しながら、全体を全体としてまとめていくこと。いきなり完成を目指すのではなく、未完成な状態から、少しずつ手直しをしながら、自分の目指すイメージへ近づけていくこと。納得がいくまで同じ部分に対して言葉を重ねていくこと。デジタルな創造環境は、そんな**自由度**と**冗長性**をもたらしてくれたのです。

レゴやＧＩＫキット、そして「粒」は、３次元の立体を構成する際に、同じようなデジタルならではの自由度をもたらしてくれるはずです。この「何度でもやりなおしながら」立体をつくったり、崩したりできるようになる感覚は、粘土や彫刻のような一回性の創作とは感覚的に異なるはずです。

しかしこうした「フィジタル」な世界は、本当に歴史上はじめて生まれるものなのでしょうか。一回性の「技」にこだわる日本の「ものづくり」とは相矛盾するものなのでしょうか。

私の感覚ではむしろ逆で、私たちの文化のなかには、もともと「フィジタルな」発想に基づくものづくりが脈々と宿っていたように感じられるのです。

ここでいう、フィジタルなものづくりとは、ある単位をもとに、バラバラにして組み立てたり分解したりするような、本質的に**「終わりのない」ものづくり**です。そうした性質を持ったものを、私は具体的に三つ発見することができました。ここから時間の向きは

「未来」から「過去」へと逆向きに反転していきます。具体的なストーリーを添えながら紹介していきましょう。

木組みの技法

　ＪＲ鎌倉駅から徒歩5分。観光で賑わう小町通りとは反対側の道を進んでいくと、「結の蔵」という木造の建物が見えてきます。人力車も走るこの通りに面した建物の一室が、現在「ファブラボ鎌倉」として使われています。歴史のある鎌倉によく合うと言われるこの建物ですが、実ははじめから鎌倉にあったわけではありません。もともと秋田県の湯沢市で酒蔵として長く使われていたものです。

　その酒蔵が秋田で使われなくなることが決まったとき、現オーナーである田中芳郎さんの発案で移築再生されることになりました。日本の伝統的な木造には、釘や金物で部材と部材を完全に固定してしまうという発想が存在しません。仕口《しくち》・継手《つぎて》で木と木をはめこむのみで、かたく固定する際には、さらに「栓」を挿して留めます。その組み方やジョイント部の形状は何十種類かあり、それぞれ留め方のかたさや分解のしやすさなどが違っているのです。

　「結の蔵」は、すべて木のパーツまで分解されてトラックに乗せられ、鎌倉まで運ばれてきたそうです。木造建築では、こうしてバラバラにするプロセスを「ほどく」、と言います。そして鎌倉の敷地の上で、まるでプラモデルのように、もう一度組み立てなおされたのでした。

ただ、そのときに秋田と同じ組み立てを再現したわけではありません。酒蔵を三つの部屋に壁で分け、別の用途で使用することにし、リデザインが行われました。なるべくもともとの古材を融通して再利用しながら、本来なかった2階部分を増築し、過去を継承しながらも現代的によみがえったのです。木造建築の素晴らしさはこうした移築再生《アップサイクル》にあると思います。これを手がけられたのが、現在結の蔵の2号室に住居兼事務所を構えられているO設計室の大沢匠さんでした。

ひとつひとつの仕口や継手は確かに職人技でつくられたものですが、同時に、この全体の組み立てと分解の発想は「フィジタル」と相通じるものではないでしょうか。特に釘や金物を使っていないところに私は「可逆性」の意識を感じます。こどもの「組み木」に用いられている発想と同じです。

ところで、世界の玩具界にはあまり日本の仕口や継手のことが知られていません。レゴブロックをはじめとする玩具は、基本的に石やレンガなどによる壁で構成する建築様式から導かれたものですが、立体の構成方法はそれだけではないはずです。

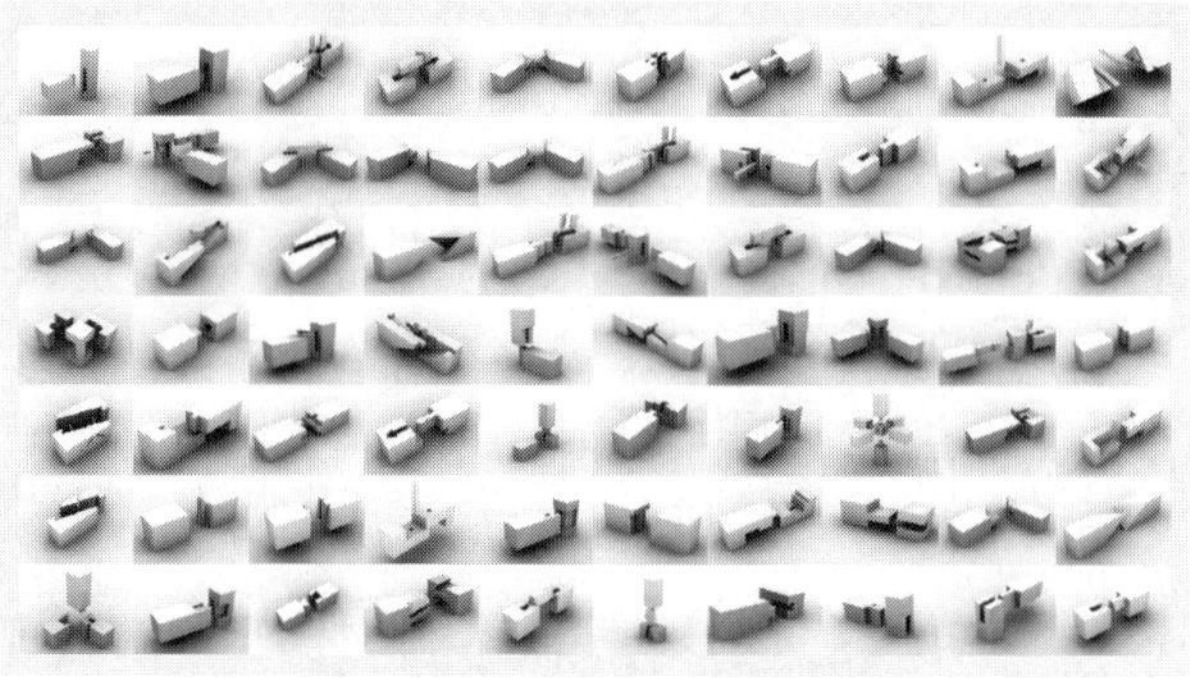

図7-1　オープンソース化された継手・仕口。金崎健治さんによる（慶應義塾大学田中浩也研究室、全データはhttp://www.thingiverse.com/thing:169723で公開している）

そのことに気がついた私たちは、代表的な仕口・継手を系統整理して54種類にまとめ、その3Dデジタルデータを新たに作成して、インターネット上にオープンソースとして公開しました。淡く期待しているのは、どこか別の場所でこのデータがダウンロードされて、小さく縮小したり大きく拡大したりされながら、違う分野のものづくりにも応用されることです。私たちの公開したデータが、ネット上でどういった広がりを見せるかを、これから見届けたいと考えています。

折り紙の技法

「組み木（木造建築）」の次に挙げられるのは、折り紙です。折り紙は一枚の紙を畳んで立体を構成する技法ですが、再び開いて押し広げ、面にまで戻すこともできます。組み木でいうところの「分解」と「組み立て」の可逆的なプロセスを、「折り畳む」と「押し広げる」という別の方法で実現しているのです。

折り紙といえば、鶴や動物といったモチーフを折るような工芸的な系統が思い浮かぶかもしれませんが、アルミ缶の表面などにも用いられているような科学的・数理的な系統も存在します。後者のほうが実用物にも用いられているのです。

たとえば、極小の人工血管をつくる場合に、小さく折り畳んだ状態で血管に入れて、中で開いて隙間を埋める方法が採られることがあります（東京大学・北海道大学の栗林香織さんの研究）。そこに折り紙の原理が用いられるのです。

また、逆に大型構造物のほうに目を転じてみれば、宇宙構造物に用いるソーラーパネルも重要な応用領域です。小さく折り畳んだ状態で宇宙へ向けて発射し、宇宙で大きく開ければソーラーパネルになるのです。このように折り紙は、輸送中と実用中で二つのモード（開かれた状態と畳まれた状態）を備えていること、小さく畳んでしまっておくことで省スペースになるなど大変有用です。

さらに、最近の折り紙では「ロン・レッシュ・パターン」という名の、3次元の立体を疑似的に拡大縮小してしまうような効果が得られる折り方が研究されています。詳細はここでは省きますが、ファブリケーションの国際学会では「ORIGAMI」というキーワードが当たり前のように飛び交っています。こんなところに、伝統の文化と、最新の科学とが響き合っているのです。

編み物の技法

そして最後に挙げたいのが、編み物です。編み物は一本の糸で輪をつくりながら、そこを通過させていくことで生まれるものですが、最小単位が「編み目」となっています。作業途中に間違えてしまった場合には、編み目をほどいてある箇所まで戻り、そこからいつでもやりなおすことができます。そうした意味で可逆的なので、これもまた「フィジタル的」だといえるのです。

私の個人的な体験として、特に小学校のときにお気に入りだったセーターのことをよく思い出します。母に編んでもらったセーターはとても好きな緑の柄だったのですが、体の成長とともに、だんだん小さくきつくなって、着られないサイズになってしまいました。そんなある日のこと、学校から帰宅してみると、いつものセーターはなくなっており、代わりに同じ柄の手袋とマフラーが机の上に置かれていたのです。一回糸まで戻って別の物体へとつくりかえられていたのでした。

編むこととほどくこと、その二つの行為が操作を相殺するからこそ、可逆性が生まれて

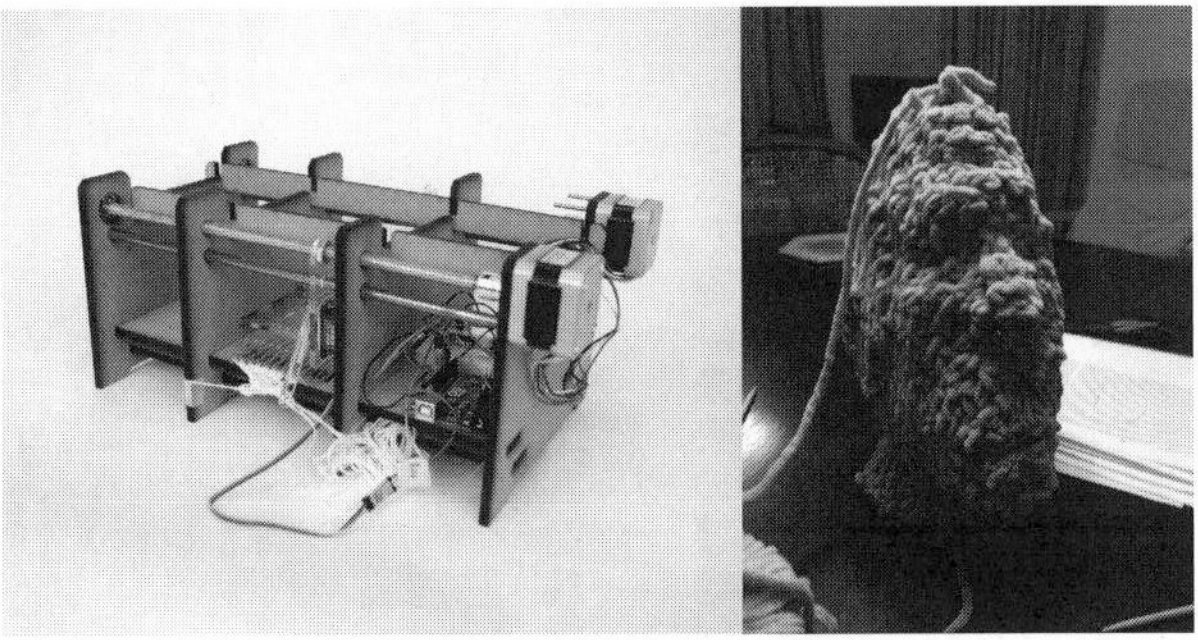

図7-2 「３次元編み」の実例と「３次元編み機」のプロトタイプ。廣瀬悠一さんによる（慶應義塾大学田中浩也研究室）

います。材料にまで戻すことのできる日用品。編み物はその最たるものなのです。

いま、研究室では「3次元編み機」の開発を行っていますが、この研究が完成すれば、任意の編み図を入力することによって、3次元立体が編まれてくるような機構が実現するかもしれません。そして当然ながら、柔らかいセーター用の糸以外にも、硬いロープやファイバーのような、さまざまな素材を編めるようにすることを念頭に、研究は進められています。

ちなみに現在NASAでは、宇宙空間で「蜘蛛の糸」のような原理で構造物を出力する「スパイダーFAB」という3Dプリント方式の研究が進められています。これはむしろ「あやとり」に近い方式といえるかもしれません。

自宅の暖炉の前で行われる古い遊びと、遥か遠くの宇宙空間での最新の建設手法とが、「あやとり」という、共通の原理で結ばれている、つながっているというのは、とても不思議な感覚なのではないでしょうか。それも、いまはまだ概念的につながっているだけですが、いずれは本当に、ネットワークでつながり、通信ができるかもしれません。

暖炉の前と宇宙ステーションで遠隔で「あやとり通信」をするかもしれない……そんな空想が広がります。

デジタル・ファブリケーションの真の面白さは、ミクロからマクロまで、手元から宇宙まで、異なるスケールを横断することでもあるのです。

遠い過去と遠い未来の接続

ここで紹介した三つのストーリーはどのように聞こえたでしょうか。手元で遊んだ「組み木」のブロックは、いまオープンソースとなって世界中を流通しています。「折り紙」の仕組みは、極小の「人工血管」から極大の「ソーラーパネル」まで、スケールを超えて応用されています。暖炉の前でお祖母さんがセーターを編み、ほどく可逆的なプロセスは、遥か遠くで宇宙開発にも同じように使われようとしています。

小さいころに家で誰もが経験したであろう三つの遊び――「組む」「編む」「折る」が、

いまファブリケーション研究の最前線で取りあげられるテーマなのです。

どれもが、「何度でもやりなおしができる」「初期状態まで戻れる」という特徴があるがゆえに、フィジタル的な性質を持っています。

もちろんこれらは日本だけにしかない技法ではありません。世界各地に同種の手法は存在します。ただ私は、これらの手法が日本の環境の特徴とどこかしら呼応して発展してきたような気がしてなりません。

空間の狭い日本において、場所を有効活用するために生まれた知恵かもしれません。少ない資源を効率的に再利用しようとする知恵も関係があるかもしれません。自然災害の多い地域ならではの、「仮設的」な感性の表れであるのかもしれません。いずれにせよ、こうした身近な技法が、「もののフィジタル化」の未来を考える基底になっていることは大切にしたい感覚なのです。

図7-3　1970年に出版された『日本の造形』。木組み、竹編み、紙折りの三つの技法がフィーチャーされている

これから、小学校にも、中学校にも、高校にも、3Dプリンタをはじめとする機器が導入されていくことが予想されていますが、そこでは利便

性のためのデジタルだけではなく、ここに述べた「バラバラに切り離して、組み立てたり、分解したりすることができる」という本質的な意味で、「もののデジタル（離散）化＝フィジタルであること」を広めていってほしいと思います。

織り物とコンピュータの意外なつながり

本書における「ＦＡＢ」というキーワードは「Fabrication（製造）」という意味から始まり、途中で「Fabulous（愉しい、喜びの）」という二番目の意味を重ね書きしました。この最終章では、「Fabric」という三番目のＦＡＢの意味を重ねておきたいと思います。

ここでのFabricは「異質なものを編む」という意味です。日本の木造建築では部材に分解して仕組みを学習することを「ほどく」と呼びました。編みながらほどき、複数のものをまとめること。壊しながらつくり、全体を把握すること。対象物を編集しながら、また納得いくまでバラバラに解体すること。そうした実相にもっとも近い言葉が「Fabric」だと思うのです。

そして実は「Fabric（織り物）」とコンピュータにも、見えない、しかし重要なつながりがあります。１８０１年に、フランスの発明家ジャカールによって発明された、ジャカード織り機は、織り物の縦横の柄（パターン）を定義するために、歴史上はじめて「パンチカード」を用いました。それまで非常に手間のかかっていた、複雑な模様の布を織る作業を、カードによって軽減したのです。そして、パンチカードを入れ替えれば、異なる柄を織ることができるように、「機械」と「データ」とを分離しました。これは当時の大発明でした。

この原理が、後になって、計算機（コンピュータ）にも応用されたのです。パンチカードによってコンピュータにプログラムを挿入する方式は、20世紀後半には広く採用されていました。いまでは、織り機もコンピュータもどちらもデジタルデータになっていますが、そのふたつは起源においてつながっているのです。

人と人を編む

時制を「現代」に戻します。

「編む」という言葉はいま、もののつくりかただけでなく、社会全体に対しても広げることができます。社会を、さまざまな異質な人々の多様性が織り込まれた一種のタペストリー（織り物）のような存在として見るとき、英語ではよく「Social Fabric」という言い方が使われます。インドと同時に世界で最初期に立ち上がったファブラボのひとつ、ボストンの旧スラム街のなかにある「サウスエンド・テクノロジーセンター」はまさにそれを象徴するような場所でした。

「サウスエンド・テクノロジーセンター」は、「テント・シティ」という住宅地の半地下部分にあります。この地区に住んでいるアフリカ系コミュニティが、学校に行くことのできない子供の学びの場所としてＭＩＴの支援を受けて立ち上げた場所でした。プログラミングやＦＡＢといった、最新のデジタル機器の使いかたを学びながらも、人種差別や社会格差、学習機会の不公平の是正もテーマとしています。

米国のファブラボを過去10年間支援してきたのは、新しい科学技術教育を推進しようとするＳＴＥＭ（Science, Technology, Engineering, Math）の政策と、さまざまな異なる国の人々を包摂しようと取り組んできた移民局でした。

米国は移民の国です。タクシーに乗れば、ドライバーは毎回違う国籍の人ですし、緊迫した国際関係を背負ったさまざまな国の人たちが同じ地域に入り混じって住んでいます。だからこそ、教会や、各種コミュニティセンターは包摂の場として大切にされます。異質な人々が日常的に自ら「編み」「編まれる」活動に参画することが、紛争を起こさないための不断の努力として、どうしても必要とされるからです。しかし、それでも２０１３年にはボストンマラソンにおいて悲しい事件が起こり、この問題の難しさが露呈してしまいました。

批評的なスタンスでものをつくる

さて、これと同じ役割を日本のファブラボが担うことは可能でしょうか。

比較的平和な日本では、ファブラボは、問題を解決するためのエンジニアリングだけではなく、むしろ問題自体を特定しなおしたり、問い自体を発信したりする役割も担うことが必要なのではないかと言われています。目標を効率的に解決するソリューションだけではなく、普段の専門性やこれまでの肩書をいったんカッコに括って、目標自体を考え直す場所としての役割が期待されているのです。

また、不完全なものに価値を見出したり、視点を変えて可能性を再発見していく態度を見つけていくのは、成熟国のファブラボのひとつの可能性です。

ここで正直に告白すれば、私が本書を執筆しようと思った動機は、3Dプリンタやデジタル工作機械の、日本での受け止められかたに関する違和感でした。現在、日本でのこの分野は、一方は実体のない、風評ベースの過剰な期待、もう一方は現状の3Dプリンタの実力に対する冷静な失望、という二極に大きく引き裂かれてしまっています。

私はそのどちらとも距離をとる必要があると思っています。その「中間」を立ち上げようとすることこそが、プロジェクトであり、批評的な実践であり、研究活動に他ならないからです。

本書で述べたような調子で「未来技術」に関する話をしていると、「それはいつ実現されるのですか？」という質問をよく受けます。

しかし、技術というものは、ある人が頭のなかに空想として思い描いてから、不完全ながら少しずつかたちになり、徐々に洗練され、あるときから広がり始め、改良が少しずつ続けられて、だんだんと現実に溶け込んで使えるようになっていくものです。私のような研究者の立場からすれば、「実現するとき」を、時間軸上のある「点」として、「いつ」として指し示すことはできません。すべてが「プロセス」なのです。

特に、研究所で技術のプロトタイプができる時期と、社会の大多数がその技術を安心して活用できるようになる時期は全く違っています。

たとえば「インターネットはいつ実現しましたか？」「携帯電話はいつ実現されましたか？」という質問に対する答えは、大学でそれを開発していた人と、それをユーザーとして使う人とで全く異なると思います。世界ではじめてインターネットがつながった瞬間と、それを誰もが安心して使えるようになった時期とは大きく異なりますし、いまでもまだ完璧になったわけではなく、改善が続けられています。

不完全だからこそ

メディア論の分野では、技術が社会を決定する「技術決定論」と、社会が技術を決定する「社会決定論（文化決定論ともいいます）」の二つの立場があると言われてきました。「技術決定論」は、大学や企業の研究者の立場に近く、一方「社会決定論」は、ユーザーの立場に近いと捉えてよいでしょう。

ファブラボの活動の多くは、デジタル工作機械という新しい技術の可能性から出発しています。その点では、「技術決定論」に立脚していると言えそうですが、その技術を、まだ未熟な、完璧ではない、なるべく早い段階から社会へと「開き」、良い点も悪い点も含めて共に実験しながら、技術的な視点と社会的な視点の二つを編みあわせて「共進化」させていこうとする志向を持っています。すなわち、二つの立場の大きな断絶を埋める活動でもあるのです。

何度か紹介している「3Dプリンタがすぐ壊れる」問題を含めて、現在のデジタル工作機械が、まだ「不完全」であることは間違いありません。これまで「技術」の立場からは、「不完全な」技術を製品やサービスとして世に出すことはありませんでした。そしてこれまでであれば、生活者も「不完全な」技術やサービスを待ってはいませんでした。

しかし昨今の気運では、まだ完全ではない技術やサービスであっても、むしろそうであるからこそ、企業や大学だけが極秘に開発を進めるのではなく、早い段階から社会に開き、そこで一般の市民も包摂した実験を行い、一緒になって前向きにその意味を考えていくことが大切だという考えが、少しずつ認められつつあります。市民の側からも、自らこうした積極的な活動に参加したい、貢献したい、研究をしたいと思う人がどんどん増えてきています。ファブラボの活動は、そうした双方からの意識の変化に支えられた活動でもあるのです。

不完全であることを否定するのではなく、不完全であるからこそ介入や参加の余地も発展や改善の余地もある、という意識をどれだけ持ちうるかが、こうした活動の鍵になると思います。

旅の創造性

現実の不完全さを発見して介入の余地を認識したり、技術と社会の中間領域を発掘したり、空想と現実の固着した関係をほぐしながら編みなおしていったりする、そうした態度を身につけるのに最も役立つ実践が「旅」なのではないかと思います。

私は、はじめて長期の海外旅行に出かけた大学一年生のときのことを、今でも鮮明に思い出すことができます。

まだインターネットもスマートフォンもなかった頃、一ヵ月をかけてヨーロッパの各都市を巡りました。その旅の時間は、「あらかじめ旅行ガイドで見たことがあったあの場所」に、リアルに身を置いていることの悦びに満ちたものでした。雑誌の情報は、あらかじめ別の誰かが編集加工した二次情報ですが、自分の目と体で、確かな一次情報を体感しながら、生に触れているという手ごたえがありました。

ヨーロッパの街並みはどこも、ファンタジーの世界のようでした。寝台特急で各都市を巡り、帰国の日になったとき、私は空港でひどく不安になってしまいました。夢の中にいるような新鮮なファンタジーから、日本に帰ればまたリアルな現実へと引き戻されてしまうのではないか、と。感動が消えてしまうのではないかと思ってしまったのです。

ところが実際には、少し異なった感触が待っていました。日本に帰る飛行機の窓から、着陸する関西国際空港が眼下に見え、まちが見え始めたとき、普段住んでいる日本のまちのほうこそが、逆に巨大なフィクションに見えてきました。このときの感覚をいまでも忘れることができません。この都市やまちも、あくまで「数ある可能性のひとつ」をある時代に合わせて切り出したものでしかないのではないか、と不意に分かったのです。ある場所に、ある人々が共有したフィクション（社会の大きな物語）がたまたま具現化したくらいでしかないのだと感じられました。

そのように理解したとき、自分の中に、フィクション（空想）とリアル（現実）という二つのあいだに存在する、空隙のようなものが認識されたのです。

それからはまるで、日本にいることが逆に海外旅行のようにすら感じられるようになりました。見慣れたものを見慣れていないように捉える「距離」を捉える術《すべ》のようなものを持ち始めたのかもしれません。

懐かしい未来／新しい中世

それから20年。インターネットと、デジタル工作機械を備えた工房と、遥か遠くの国にいる友人の三つが揃ったのが現在です。

いまでは、コンピュータはラップトップになり、海外に行くときには必ずかばんに入れて持っていくようになっています。３Ｄプリンタももう折り畳めるものが登場していますし、小型の工作機材をスーツケースに詰め込んで海外に行くことも増えました。これから新しいスタイルの旅ができます。ファブラボの世界ネットワーク上を交通するのは、デジタルデータだけではなくて、最終的には「人」になるはずなのです。

ファブラボが、「国境を越えたネットワーク」であることを重視している理由は、有事には「アポロ13号」のような命綱の通信網として働き、そして平時には、私たちの創造性

図7-4　スーツケースFabLab。梅澤陽明さん（FabLab渋谷）、青木翔平さん（東京大学）らの手を渡りながら世界各地で利用実験中

を絶やさないための、旅を紡ぐ係留地となってくれるからに他なりません。

異なる文化の場所を渡り歩いて、いくつもの境界を自分の体で横断していくことで、はじめて日常を相対化でき、新しいものがたりの種が生成されます。地域に住んでいる人の立場から見れば、そういった旅人の来訪が、外の空気を運んできてくれ、他の場所で起こっていることを伝えてくれるのです。こうして「風の人」と「土の人」が交流します。

旅と言っても、ファブラボの旅は、決して単なる見学だけの旅ではありません。プロジェクトを携えて各ラボを巡り、さまざまな刺激を受け、旅の終わりには、何かがつくりだされていることが望まれます。それによって最終的には、ものをつくることと、ものがたりを編むこととが、再び一人の中に分かちがたく混じりあっていくからです。

「メイカーフェア」へ行くと、自分のブースを出して、自分のつくったものを並べている人々がいます。自分が何故それをつくろうと思ったのか、その動機、情熱、思いを熱く語っています。**「もの」と「かたり」が当事者の中で混然一体となって絡み合っているのです。**


ファブリケーションが生み出す最も豊かな風景が、ここにあると思います。

効率重視の近代システムによって、工業プロセスは各要素に分断され、ひとりひとりの個はそのうちのどこかに当てはめられるだけの存在となってしまっていました。ものづくりの大きなシステムのうちの一部分だけを担っているだけでは、物語が生まれることはありません。

また、ものが出来上がった末に、後付けの宣伝文句を考えているだけでは、心を打つ本当のものがたりを生み出すことはできません。ひとりひとりが、「ものをつくりながら、ものをかたる」プロセスに身を投じることによってはじめて、これまで分かれていた二つをひとつのものとして編みなおすことができるのです。血の通ったプロジェクトが生まれるのです。それを**「新しい中世のよう」**と形容したり、**「懐かしい未来」**と呼ぶことも可能でしょう。

しかし、今の時代がどう呼ばれるかは、最終的には後の時代の人々が決めることです。必要なのは、新しいことばで呼ばれるに値する内実をつくりあげていくことです。そのために、いまはこの**新しいSF＝ソーシャル・ファブリケーションのちから**を信じながら、硬直してしまった（私たち自身の）20世紀型思考をいったんほぐし、もういちど編みなおす努力を全力で進める時期だと思うのです。

ＦＡＢとは、物質世界を再編集するプロジェクトなのです。

《付記》

世界のファブラボを旅した、ノルウェー出身のデザイナー、イェンス・ディヴィックさんの自作ドキュメンタリー映画「Making, Living, Sharing」をYouTubeで見ることができます。「ものをつくることと、ものがたりを編むこととが、再び一人の中に分かちがたくひとつのものとして混じりあっていく」とは具体的にどういうことなのかが、よくわかる内容になっています。このタイトル名で検索していただくか、「http://www.youtube.com/watch?v=PNr1yBIgQCY」を開いて見てください。YouTubeに公開されているものは英語のみですが、日本語の字幕テロップを添えたものが、Google Drive（https://drive.google.com/folderview?id=0B8t_s65R-GJNT0k1VGt3YkFrbWM）に公開されています。VLC Media Player（http://vlc-media-player.en.softonic.com/）というソフトをダウンロードし、映像データとは別に日本語字幕データを読み込めば、日本語字幕つきの映像を見ることができます。

また、初期の日本のファブラボメンバーがどのような実験をしてきたのかは、『ＦＡＢに何が可能か——「つくりながら生きる」21世紀の野生の思考』（フィルムアート社）を是非ご参照ください。

リアル・バーチャリティ——あとがきに代えて

この文章を書いている2014年2月14日、関東地方は大雪に見舞われました。路上の車は雪にすっぽりと覆われ、川は凍り、電車はストップしました。もともと私は北海道の札幌市で生まれ育ったこともあって、こうした雪の感覚に慣れていないわけではありません。凍結した道路でも滑らない歩き方を知っていましたし、むしろ無邪気に久しぶりの感覚を楽しんでいました。ただ、故郷の札幌でよく行われていた「雪まつり」のことを鮮明に思い出しました。

「雪まつり」では毎年、巨大な雪像がつくられます。それは実物大のお城だったり、アニメのキャラクターだったり、動物だったりとさまざまです。個人でも、かまくらや、雪だるまをたくさんつくります。雪は造形の素材なのです。そして同時に、科学の対象でもありました。顕微鏡で拡大して、雪の結晶を調べてまとめ、それを冬休みの自由研究にしたこともあります。

ただ私は子供のころから、「雪」が一体「何」なのかが、分かりませんでした。その物理的な性質が分からなかったのではありません。雪という存在が、世界と自分の間のどういう位置づけにあるのか、その距離感のようなものが揺れ動くために、うまく摑めなかったのです。

雪でつくられる「もの」は、現実の建物や都市とは異なります。春になれば溶けてなくなります。しかしある何ヵ月か（一年の4分の1ほど）のあいだは、しっかりと現実にそこにあって、その冬の期間中は、人が何かをつくりあげる（創造性を刺激する）素材として存在し、さらにつくられたそのお城は実際に中に入って楽しんだり、すべって遊んだりといった、実用性も兼ね備えています。また、雪が降ると、車道と歩道の境界は消え、道から直接家の屋根の上にあがることができるようにもなります。川を渡ることもできます。すると普段は行けないような場所に行けたり、いつもとは違う道ができたり、身のまわりの世界の構造自体が変わってしまうのです。

私にとって、「雪」とは、完全に現実の世界でもなく、かといって完全に想像の世界でもない、その中間の世界を一年の4分の1だけ取りもってくれる、不思議な**「媒剤（メディウム）」**だったのです。

まだファブリケーションの研究を本格的に始める前の2005年ごろ、私はデザイナーの久原真人さんと一緒に、「つらら」を造形するような装置を開発していました。上部に皿を取りつけ、そこに雪や氷を入れておけば、それが溶けて一滴ずつ垂れ落ち、細いリード線の上を流れる間に、途中で冷えて凝固します。それを繰り返せば、長いつららを生成することができます。穴の径を変えたり、温度を変えたりすれば、少しずつ形状の違うつららが生まれてきます。いま思い返せば、この装置をつくったことが、3Dプリンタを開

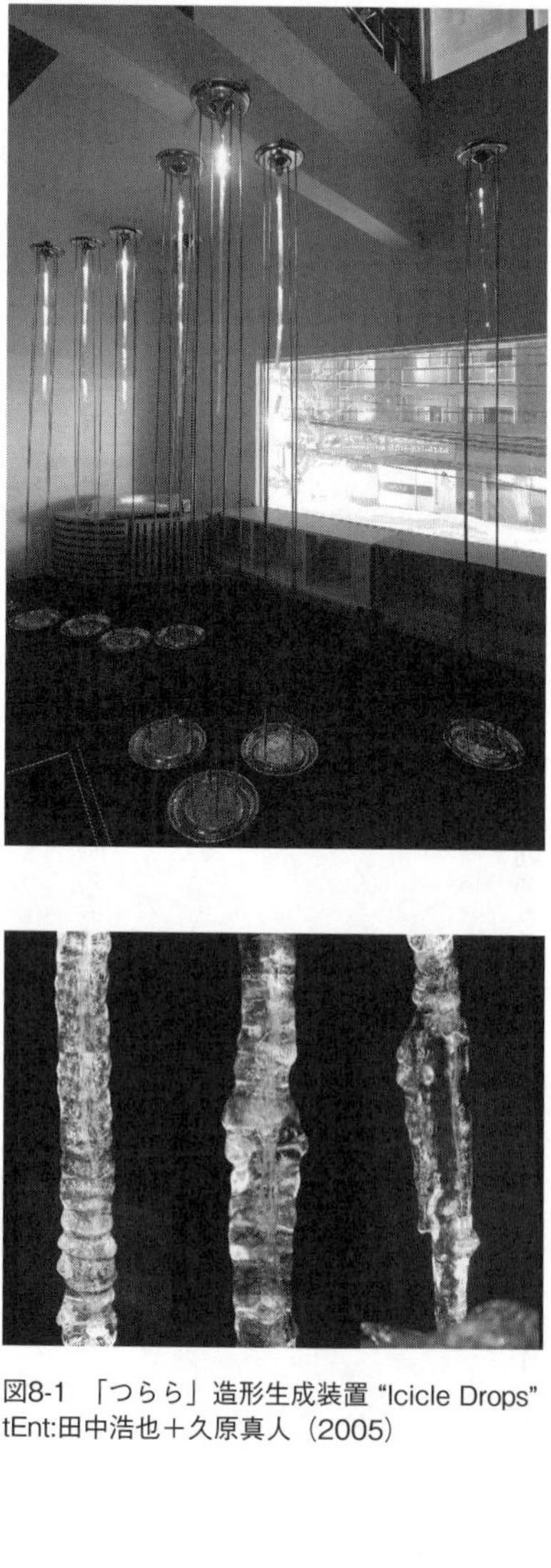

図8-1 「つらら」造形生成装置 “Icicle Drops” tEnt:田中浩也＋久原真人（2005）

発する原点でした。３Ｄプリンタのエクストルーダー部の仕組みと、とてもよく似たものをそのとき無意識につくっていたのです。

時間とともに形が変化していく物質を出力する３Ｄプリンタのことは、特別に「４Ｄプリンタ」と呼ばれて世界中で研究が始まっています。ここでの４番目の軸は「時間」です。当時つくった「つららプリンタ」は、一種の４Ｄプリンタの原型であったように思うのです。人やものが「いきている」ということに関して、「時間」は最も本質的な要素です。これからは、時間性を伴ったファブリケーションの研究が盛んになっていくのではないかと考えられます。

コンピュータの中に、現実と同じような仮想の空間を構成してしまう技術のことは「バーチャル・リアリティ」と呼ばれてきました。しかし、私にとって北国の雪の経験は、むしろその逆の可能性をいつも考え続ける苗床になってきました。現実から仮想に向かうのではなく、仮想から現実に向かうその中間を一時的に支えてくれるような技術のありかたです。

それがいわば「バーチャル・リアリティ」の逆、「リアル・バーチャリティ」とでも呼ぶべき技術の世界ではないでしょうか。私が最も面白いと考えている「３Ｄプリンタ」の可能性は、まさにこの意味の中間領域を支えてくれるメディウムのことなのです。自然物、人工物、生物をつなぐ、新しい「粘土」のような存在をつくりだしたいのです。

そうした道具を手に、理想と現実との遠すぎる関係を改め、逆に空想と現実が近すぎる、ビジョンなき状況も払拭する。そのあいだに生産的な距離感が設定され、空想を現実が少しずつ追いかけていくような強いプロセスをつくりだすこと。それがフィクションだけで終わらない、ファブリケーションまでを含んだ、21世紀の新しいＳＦの役割なのです。

「偶然の一致」について

本書ではマーシャル・マクルーハンとＳＦを論の補助線として取り上げましたが、執筆中に、期せずしてそれぞれに関連する書籍が発表されました。

『今こそ読みたいマクルーハン』（小林啓倫著）は、本書では必要最低限の説明だけで通過してしまった「メディア」という概念そのものに関する説明を深めている新書です。マクルーハン生誕１００年もあって、読みなおしが盛んになっています。

また、『インテルの製品開発を支えるＳＦプロトタイピング』（ブライアン・デイビッド・ジョンソン著、細谷功監修・島本範之訳）は、実際にインテルで採用されている「未来のものがたり」をつくる手法に関する本です。ただし、本書とは少し違って、既にある技術の未来形を思い描くために、小説や映画、漫画による「ＳＦ」を書いてみようという趣旨です。私は逆に、ものがたりを編みながら同時にものをつくりだす「ＳＦ」について本書で述べました。比較として大変参考になる書籍であると考えます。

謝辞

本書を執筆するにあたっては、本文中にお名前をご紹介した方以外にも、本当に多くの方々にお世話になりました。草稿を読んで的確なアドバイスをくださった早稲田治慶さん、窪木淳子さん、渡辺ゆうかさんのお三方には特別な感謝を申し上げたいと思います。慶應義塾大学ＳＦＣ田中浩也研究室の全メンバー、慶應義塾大学ＳＦＣの同僚、日本と世界のファブラボのメンバー、さまざまなコラボレーターのみなさんとの出会いがなければ本書が日の目を見ることはありませんでした。おひとりおひとりのお名前を列挙したいところですが、限られた紙面で全員を列挙するのが大変難しく、みなさんおひとりずつの顔を思い浮かべて、ここに感謝の意を表したいと思います。講談社の川治豊成さんには原稿をほぼ一年近く待っていただき、都度的確なアドバイスで励ましていただき、心より感謝を申し上げます。最後に、日頃の私のすべての研究活動を管理していただいているラボマネージャーであり人生の先輩である大野一生さんに心より感謝を表します。

＊本書で述べたいくつかの概念は、ＣＯＩ－Ｔ「感性に基づく個別化循環型社会創造拠点」プロジェクトの議論から着想したものです。

「講談社現代新書」の刊行にあたって

教養は万人が身をもって養い創造すべきものであって、一部の専門家の占有物として、ただ一方的に人々の手もとに配布され伝達されうるものではありません。

しかし、不幸にしてわが国の現状では、教養の重要な養いとなるべき書物は、ほとんど講壇からの天下りや単なる解説に終始し、知識技術を真剣に希求する青少年・学生・一般民衆の根本的な疑問や興味は、けっして十分に答えられ、解きほぐされ、手引きされることがありません。万人の内奥から発した真正の教養への芽ばえが、こうして放置され、むなしく滅びさる運命にゆだねられているのです。

このことは、中・高校だけで教育をおわる人々の成長をはばんでいるだけでなく、大学に進んだり、インテリと目されたりする人々の精神力の健康さえもむしばみ、わが国の文化の実質をまことに脆弱なものにしています。単なる博識以上の根強い思索力・判断力、および確かな技術にささえられた教養を必要とする日本の将来にとって、これは真剣に憂慮されなければならない事態であるといわなければなりません。

わたしたちの「講談社現代新書」は、この事態の克服を意図して計画されたものです。これによってわたしたちは、講壇からの天下りでもなく、単なる解説書でもない、もっぱら万人の魂に生ずる初発的かつ根本的な問題をとらえ、掘り起こし、手引きし、しかも最新の知識への展望を万人に確立させる書物を、新しく世の中に送り出したいと念願しています。

わたしたちは、創業以来民衆を対象とする啓蒙の仕事に専心してきた講談社にとって、これこそもっともふさわしい課題であり、伝統ある出版社としての義務でもあると考えているのです。

一九六四年四月　野間省一

N.D.C.500　274p　18cm
ISBN978-4-06-288265-1

講談社現代新書　2265

SF《エスエフ》を実現《じつげん》する——3D《スリーディー》プリンタの想像力《そうぞうりょく》

二〇一四年五月二〇日第一刷発行

著者　田中浩也《たなかひろや》　

発行者　鈴木　哲

発行所　株式会社講談社
東京都文京区音羽二丁目一二—二一　郵便番号一一二—八〇〇一
電話　出版部　〇三—五三九五—三五二一
　　　販売部　〇三—五三九五—五八一七
　　　業務部　〇三—五三九五—三六一五

装幀者　中島英樹

印刷所　大日本印刷株式会社

製本所　株式会社大進堂

定価はカバーに表示してあります　Printed in Japan

第7章　日本とＦＡＢ——過去と未来をつなぐ